自然災害と土木 ― デザイン

星野裕司
Hoshino Yuji

農文協

目次

第2章

大地との格闘——曽木の滝分水路

第3章

都市の緑——白川・緑の区間

自然災害と土木—デザイン

序章

テクノボーとしての土木

土木の風景

本書は私が関わった事業をとおして、土木のデザインとは何かについて、特に自然災害との関わりの中で考えることを目的としている。ただ、いきなり具体的な話へ入る前に、土木について私が考えている基本的なことを、読者と共有することから始めたい。といっても、土木の定義や機能から話を始めたのでは、少し硬すぎる。そこでまず、土木がつくる風景の話から始めよう。読者も共有しやすいように、映画の中の土木の風景の話である。

映画に現われる土木の風景。読者の方々は、どんなものを思い浮かべるだろうか。土木やインフラの建設そのものをテーマとした映画としては、困難なダム建設に取り組む「黒部の太陽」（熊井啓監督、1968年）や、余命を悟った市役所職員が小さな市民公園の建設に残された人生をかける「生きる」（黒澤明監督、1952年）などが思い浮かぶかもしれない。あるいは、土木施設がつくる非日常性や抽象性が物語の重要な舞台となっているものとしては、「惑星ソラリス」（アンドレイ・タルコフスキー監督、１９７２年）の首都高速道路や「第三の男」（キャロル・リード監督、１９４９年）の下水道などが有名だろう。

もっと日常的なものもある。たとえば、山田洋次監督の「男はつらいよ」では、「とらや」のある柴又帝釈天の参道だけではなく、江戸川の土手や河川敷も大切な舞台であるし、２０２２年にアカデミー国際映画賞を受賞した「ドライブ・マイ・カー」（濱口竜介監督、２０２１年）においても、赤いサーブ９００が走るさまざまな道、東京の街路、広島の海を渡る橋、北海道へ向かう高速道路、韓国のバイパス、これらの道々の風景が映画の基調をつくっている。私が注目したいのは、このような、素朴な土木の風景である。

東京物語の防波堤

私が一番に思い出す、映画に描かれた土木の風景とは、小津安二郎監督「東京物語」（１９５３年）の中で、主人公の老夫婦が熱海の防波堤に腰を掛けて海を眺める風景である。家族の物語を語り続けた小津映画に描かれる風景は、決して牧歌的なものでは実はない。汽車や工場、ビルなども数多く登場し、その当時の現代的な風景がしっかりと描かれている。では、その防波堤の風景はどのようなものか。すでに見ている方も多いと思うが、「東京物語」のあらすじを簡単に述べてみよう。

主人公である老夫婦は尾道から、子どもたちが暮らす東京を訪ねていく。しかし、医師の長男も美容師の長女も、田舎から上京してきた両親を十分に歓待することはできず、むしろ少し迷惑にも感じている。せっかく子どもたちに会いにきた老夫婦は、その子どもたちによって、半分は温泉でゆっくりしてほしいという気持ちから、半分は厄介払いしたいという気持ちから、熱海への小旅行へと行かされてしまう。

海辺の町から来たのに、海辺の温泉へ、である。しかも、安くて眺めがよいと長女が勧めた旅館は若者であふれ、麻雀やら音楽やらと夜中まで賑やかで、老夫婦はゆっくり眠ることもできない。結局、1泊しただけで熱海から東京に戻り、さらには東京も出て尾道に帰っていく。東京からの帰路、老母の調子が悪くなって大阪に泊まるのだが、尾道に帰った途端に老母は急逝する。葬儀のために、今度は尾道に家族が集まり、家族が帰った後、1人残された老父がぼんやり眺める海のシーンで映画は終わる。

私が典型的な土木の風景と思う防波堤は、熱海の旅館で眠れぬ夜を過ごした翌日の早朝のシーンとして描かれる。「東京物語」は一種のロードムービーともいえるものだが、描写的なスナップショットを除けば、外部空間を舞台としたシーンは驚くほど少なく、私が気づいたものでは、（おそらく荒川の）土手、上野公園と上野駅、熱海の防波堤、そして、尾道の寺の境内だけである。そのために印象的であったのかもしれないが、尾道の海の風景で始まり、尾道の海の風景で終わるこの物語において、この熱海の海の風景は、ちょうど物語の折り返し点となっていて、このシークエンスの最後、防波堤の上でよろける老母のシーンは、後に尾道で急逝する出来事の予兆ともなっている（物語に沿って視聴している私たちには、寝不足なのかな、と思わせるだけだが）。

陽光にきらめく湾の前景を、直線的で素っ気ないコンクリートの防波堤が横切っている。老夫婦は、こちらに背を向けて、防波堤の上に仲良く、ちょこんと座り、海を眺めている。当たり前のことだが、この防波堤は決して快適に座れるようにデザインされているわけではない。熱海の町を高波から守るためだけに設置されたものである。小津にとっては、老夫婦が感じているわびしさのようなものを、無骨なコンクリートに座らせることで強調しようとしたのかもしれないが、私はそれ以上のもの、土木の風景が醸し出す素っ気ない優しさのようなものをこのシーンから感じてしまう。老夫婦は、この防波堤の上で、自分たちが置かれた状況を言葉少なに受け入れる。このコンクリートの塊は、その思いを静かに受け止め、支えている。

防波堤のような防災施設は、当然ながら、災害以外のとき、普段の暮らしの中ではその機能を発揮しない。そこにゴロンと存在するだけである。しかし、その大きさ、そのおおらかさが、日常的で素朴な働きを意図せずあふれさせてしまうように思う。この防波堤のように、町を静かに自然の脅威から守りつつ、老夫婦が腰を掛けるだけの余地を与える――土木がつくる風景の本質は、こんなところにあるのではないだろうか。

土木の「正しさ」

もう数年前のことだが、建築家の工藤和美さんと藤村龍至さんが教鞭を執る東洋大学の講演会に呼ばれて話したことがあった。この本の中で紹介する「曽木の滝分水路」と「白川・緑の区間」の話を中心に土木のデザインの話をしたのだが、そのとき、「建築からみると、土木のもつ圧倒的な正しさが羨ましい」と藤村さんが発言された。この言葉は、私の印象に強く残っている。

もちろん、国民の税金によってつくられ、人々の暮らしを支える土木にとって「正しさ」は最も大切なことどころか、そもそも「正しく」ないといけないだろう。しかし、東日本大震災からの復興にあたって三陸の海岸を埋め尽くすように建設される防潮堤や、津波の遡上する位置まで完全にコンクリートで覆った堤防などを見ると、その「正しさ」への素朴な信頼が揺らがざるをえない。土木の「正しさ」や実現の困難をスケール大きく描いた「黒部の太陽」においても、石原裕次郎演じる下請け会社社長の息子と父親の対比や、黒四ダム完成後にダムに佇む石原や三船敏郎の表情を見ると、その「正しさ」への疑問や割り切れない思いを感じざるをえない。

「黒部の太陽」で描かれた戦後の復興から高度経済成長に向けた時代の日本とは異なり、気候変動や人口減少など、成熟期の課題に直面している現代では、これまで信じられてきたような土木の「正しさ」も、あらためて問い直されるべきだろう。そのとき、もちろん異なる「正しさ」を提示し、イデオロギー的にぶつけあう努力も必要だ。しかし、それ以外のアプローチはないのか。土木がもたざるをえない「正しさ」と伴走しつつも、その「正しさ」を相対化し、問い直すようなアプローチ……。そのためのヒントが、「東京物語」の熱海の防波堤にはあるように思う。「正しさ」とは異なる、いわば「ささやかさ」のようなものが。施設の規模ではなく、人や環境に向ける眼差しの「ささやかさ」である。

「デクノボー」という思想

「東京物語」の防波堤に土木がつくる風景の原型をみるとすると、私は宮沢賢治（1896~1933年）が「サウイフモノニ　ワタシハナリタイ」と述べた「デクノボー」という思想が思い浮かぶ。

雨ニモマケズ
風ニモマケズ
雪ニモ夏ノ暑サニモマケヌ
丈夫ナカラダヲモチ

慾ハナク
決シテ瞋ラズ
イツモシヅカニワラッテヰル
——中略——
ミンナニデクノボートヨバレ
ホメラレモセズ
クニモサレズ
サウイフモノニ
ワタシハナリタイ［＊1］

雨にも風にも雪にも負けない「丈夫ナカラダヲモチ」、褒められも苦にもされずに、「イツモシヅカニワラッテヰル」。この姿は、私の中で「東京物語」の防波堤に重なって見える。日常的な暮らしの視線からみた、土木のあり方として。

虔十公園林

宮沢賢治は、さまざまな形で「デクノボー」的存在を描いているが、その一つに「虔十《けんじゅう》公園林」とい

＊1　宮澤賢治、『雨ニモマケズ』、青空文庫（Ｋｉｎｄｌｅ版）

う童話がある[＊2]。主人公である虔十は、賢治によって以下のように表現されている（なお今福は、賢治（Kenji）と虔十（Kenju）の語感の近さから、虔十は賢治の投影ではないかと指摘している[＊3]）。

虔十はいつも縄の帯をしめてわらって杜の中や畑の間をゆっくりあるいてゐるのでした。雨の中の青い藪を見てはよろこんで目をパチパチさせ青ぞらをどこまでも翔けて行く鷹を見付けてははねあがって手をたゝいてみんなに知らせました。

けれどもあんまり子供らが虔十をばかにして笑ふものですから虔十はだんだん笑はないふりをするやうになりました。

風がどうと吹いてぶなの葉がチラチラ光るときなどは虔十はもううれしくてうれしくてひとりでに笑へて仕方ないのを、無理やり大きく口をあき、はあはあ息だけついてごまかしながらいつまでもいつまでもそのぶなの木を見上げて立ってゐるのでした。

子どもたちに「少し足りない」と思われつつも、自然との感応の喜びを全身で表現する虔十。そんな彼は、両親への唯一のおねだりとして買ってもらった杉苗700本を、家の後ろの野原に植える。その林が、後に、隣接する小学校に通う子どもたちの遊び場となり、虔十公園林と名付けられ、人々に大切にされていくのである。教師でもあり、農業技師でもあり、造園家でもあった賢治にとって、一つの理想的な仕事のあり方だったのかもしれない。虔十がなぜ、この公園林をつくりたかったのかは、物語の中では明らかとはされていない。その具体的な働きについても、隣の畑地にほんの少し蔭が落ちるからこの林を伐れという脅迫に、虔十がはっきりと拒絶するとき、「おまけに杉はとにかく南から来る強い風を防いでゐるのでした」とささやかに述べられるだけである。

しかし、私はこの公園林は、優れて土木的、インフラ的であると思う。まず一つ目の理由は、これらの木々は、「実にまっすぐに実に間隔正しく」植えられただけであり、そこに、かっこいいもの、特殊なものをつくろうというような意図や表面的なデザインがないことである。二つ目は、そのようなニュートラルな形態で、「全く杉の列はどこを通っても並木道のやう」だったからこそ、子どもたちは自由な発想で遊べたのだろうということである。さらにこの公園林は、「東京街道ロシヤ街道それから西洋街道といふやうにずんずん名前」が付けられていくことによって、極東の島国の一地方である岩手（イーハトーヴ）の子どもたちにとって、世界への窓、あるいは世界の模型となっていく。物語の終盤でこの林を虔十公園林と名付けるのは、アメリカの大学で教授をしていて15年ぶりに帰省した、かつての子どもだったことがその事実を象徴していると思う。そして最後の理由は、鉄道や工場の整備によって村がどんどん開発されていっても、この場所が木訥《ぼくとつ》と残り続けたことである。それは、子どもたちがいつまでも、毎日のように遊んでいたことと、老いた両親が、「虔十のたゞ一つのかたみだからいくら困っても、これをなくすることはどうしてもできない」と土地の売却を拒んでいたからであった。継承される思いと日常的で大切な使われ方。黒澤明監督「生きる」の小さな公園も、映画のラストで、現実のやるせなさとは対比的に、子どもたちの声であふれていた。これら2つの公園は、ささやかながらも、人々の暮らしにとってはなくてはならないインフラなんだと思う。加えて、賢治が物語の最後に描いた光景は、人々の暮らしを支えるだけで

＊2　宮澤賢治、『虔十公園林』、青空文庫（Ｋｉｎｄｌｅ版）
＊3　今福龍太、『宮沢賢治 デクノボーの叡知』、新潮選書、２０１９

はなく、自然環境を労っていかなければならない現代において、さらに価値をましていくだろう。

そして林は虔十の居た時の通り雨が降ってはすき徹冷たい雫をみじかい草にポタリポタリと落しお日さまが輝いては新らしい奇麗な空気をさはやかにはき出すのでした。

デクノボーのモデル

一説には、「雨ニモマケズ、風ニモマケズ」のデクノボーにはモデルがいるといわれている。斎藤宗次郎という、宮沢賢治よりも20歳ほど年長の同郷人である。彼は、内村鑑三（1861〜1930年）の非戦論に共感し、その思想を強く主張したために小学校教員の職を追われたが、郷里の花巻で新聞取次店を営みながら信仰を保ち続け、内村鑑三の最期を看取ったという。新聞配達を続けながら、行く先々で困った人たちを助けていて、賢治が「雨ニモマケズ、風ニモマケズ」において理想としたような暮らし方だったそうである。賢治は日蓮宗、斎藤はキリスト教と信仰を異にしながらも交流があり、斎藤の日記には、一緒に蓄音器で音楽を聴いたり、賢治の「永訣の朝」らしきゲラ刷りを見せられたとの記述があるらしい。

一方、私たち土木技術者にとって、内村鑑三の思想に心酔した無教会主義者といえば、信濃川大河津分水路の青山士《あきら》（1878〜1963年）である。詳しい評伝は他書に譲る［＊4］が、一高在学中に内村の思想に出会い、東京帝国大学在学中に、内村と札幌農学校同期の広井勇《いさみ》（1862〜1928年）に師事し、卒業後は単身渡米して、人夫の立場から技師となるまでパナマ運河に従事した青山は、難航を極めた大河津分水路の記念碑に、「萬象ニ天意ヲ覚ル者ハ幸ナリ」を表に、「人類ノ為メ國ノ為メ」を裏へ、世界共通語を目指して開発されたエスペラント語とともに記している。青山は、1938年に、土木学会において、その他の技術界にくらべていち早く、今日の技術者倫理にあたる「土木技術者の信条および実践要項」を策定している。宮沢賢治においても、彼が創作したイーハトーヴなどの地名には、身近な地名（イーハトーヴの場合は岩手）をエスペラント風に発音したという説もあるくらい、賢治もエスペラント語に強い関心を示していたらしいが、そのような世界への関心や倫理への意識など、2人に通底するものを感じさせられる。

青山が大きく影響を受けたであろう内村の著作に『後世への最大遺物』がある[＊5]。1894（明治27）年の講演を1897年に出版したものである。なお青山は、1894年に一高に入学、1900年に東京帝国大学土木工学科に入学している。その講演の中で内村は、私たちは後世に何を残すべきかと問いかけ、まずは〝お金〟、次に〝事業〟、それらが無理なら〝思想〟、すべて無理でも〝生涯〟を残すことができると説く。一つ目にお金を挙げるあたりがプロテスタントらしいが、二つ目の事業については、多くの事業の中でも「一つの土木事業を遺すことは、実にわれわれにとっても快楽であるし、また永遠の喜びと富とを後世に遺すことではないかと思います」と述べている。

この講演は箱根の芦ノ湖のほとりでの夏季学校にて行なわれた。箱根には、江戸時代に建設された箱根（深良）用水がある。箱根用水は芦ノ湖の水をトンネルによって富士の裾野に引いているが、無名の兄弟が両端から長い時間をかけて掘ったという伝説が残っている。これを紹介しながら、内村はこの講演の中で、

＊4　高崎哲郎、『〈評伝〉技師 青山士　その精神の軌跡—萬象ニ天意ヲ覚ル者ハ…』、鹿島出版会、2008

＊5　内村鑑三、『後世への最大遺物』、岩波文庫、2011

次のように評す。

生涯かかって人が見ておらないときに、後世に事業を遺そうというところの奇特の心より、二人の兄弟はこの大事業をなしました。人が見てもくれない、褒めてもくれないのに、生涯を費してこの穴を掘ったのは、それは今日にいたってもわれわれを励ます所業ではありませぬか。

この伝説は、デクノボーとしての土木という本質をまさに表現しているのではないだろうか。

デクノボーのデザイン

繰り返しとなるが、本書の目的は土木のデザインとは何かについて考えることである。土木の大切なあり方の一つをデクノボーとして捉え、それを大切にしていきたいとすると、そのこととデザインという行為はどのように関係するのだろうか。デクノボーとデザイン。ともにデという文字で始まるぐらいしか共通性も関係もなさそうだし、むしろお互いに遠ざけあうような言葉の組み合わせである。

このような違和感を覚えるのは、デザインという言葉に対する誤解が大きいのではないかと思う。まず、デザインは、何かオシャレなもので飾り立てることではない。デザインとは、その対象のあり方、本質のようなものを利用者に伝える行為だと思う。そのため、「足し算」のデザインだけではなく、「引き算」のデザインというものがある。景観や公共空間のデザインに関わっていると、「足し算」よりも「引き算」の重要性を感じる機会が多い。つまり、余計なものを排除していき、土木がもつ本質（デクノボーさ）を引き出していくということも、デザインの目標となりうるのである。

もう一つ、デザインは、さまざまな要求を一つの形にまとめていく行為である。もちろん、そのプロセスを1人の人間が行なう場合もあるが、私が関わる土木事業においては、関わる多くの主体の思いをよりあわせていくというほうがイメージと近い。すなわち、土木がデクノボーであると私が考えるのは、「ホメラレモセズ、クニモサレズ」な普通の人々がさまざまな知恵を絞って実現するものだということの反映かもしれない。そのため、第2章以降に詳しく紹介するプロジェクトは、ある作家個人の物語ではなく、ある種の群像劇のようなものとなるだろう。

本書のタイトルでは、「土木」と「デザイン」の間に「‐」（ハイフン）が挿入されている。序章の最後に、この意味について触れておきたい。通常、「土木デザイン」という言葉は、「土木」という対象に対する「デザイン」という行為の組み合わせを示す。もちろん本書も、基本的にはそれで問題はない。しかしそれだけでは、「土木」も「デザイン」もそれぞれの概念は問われないまま、組み合わせだけに特徴があると理解されてしまう。その二つの概念の間に、「‐」という亀裂を入れることによって、「デザイン」から「土木」を、「土木」から「デザイン」を、お互いに問い直すような考察ができないか。そのような思いが、この「土木‐デザイン」という言葉には含まれている。

第1章

土木をデザインすること

土木のデザイン

本章では、本書で扱う土木のデザインについて、基本的な事柄を整理し、後に続く事例に対する補助線を引いていきたい。もちろん、広範な対象や働きをもつ土木全般に関して論じる力量は、私にはない。あくまで、デザインという行為の対象として土木を捉えたときに、私が大切だと考えることは何か、ということである。

日本国語大辞典（小学館）によると、「土木」の定義は、「①土と木。比喩的に、飾らない粗野で素朴なものをいう。②木材、鉄材、土石などを使ってする建物、道路河川、港湾などの工事。土木工事」となっている。通常、現在の私たちが使用する意味は②であるが、元々は先に述べた「デクノボー」と通じる意味があったことをここで確認することができ、「デクノボーとしての土木」という発想が根拠のないことではなかったと安心する。とはいえ、まずは一般的な②の意味に「土木」を理解すると、そのデザインとは、どのようなものになるであろうか。

日本における土木デザインを牽引し、私の恩師でもある篠原修は、土木デザインを「文明を大地に造形化して美しい風景を形成し、文化遺産として後世に残す」行為と定義している[*1]。遺産という言葉遣いに、先に紹介した内村鑑三と通じるものを感じるが、土木施設は、一度出来てしまえば、すぐにつくり変えたりすることが困難なことを思えば、残り続けることによって価値が生まれる遺産を目指すということは当然かもしれない。ここで文明とは、土木工学として誰もが学ぶ構造力学や河川工学など、普遍性を指向する技術のことを指しているが、それら技術を使って、その土地その土地で個別的な大地（自然）において、単にその上で何かをつくるのではなく、その大地そのものを造形化し、人々にとっての美しい風景を創出する。その結果として、その地に住む人々によって共有される、それぞれの地域に固有の価値である文化として、その地に残り続ける。そのようなプロセスとして、篠原は土木デザインを定義している。この文明と文化という点に注目すると、大熊孝による「国家の自然観」と「民衆の自然観」という議論が想起される[*2]。

「国家の自然観」と「民衆の自然観」

大熊は、大きな自然災害が頻発する現状に対して、気候変動による豪雨の増加だけがその要因なので

*1　篠原修、『土木デザイン論―新たな風景の創出をめざして』、東京大学出版会、2003

*2　大熊孝、『洪水と水害をとらえなおす―自然観の転換と川との共生』、農文協、2020

はなく、その背景には私たちの自然観の変化があるという。自然を制御する技術をもたなかった近代以前の人々は、自然の摂理に順応し自然とともに生きてきた。たとえば洪水も、勝手なところで堤防を越流し、破堤してしまうと困るので、被害が少ないところで越流させるというように。このように自然とともに培われてきたものが「民衆の自然観」である。いわば、その土地その土地に根ざした文化としての自然観といえよう。

しかし、文明としての近代科学技術を導入した明治以降の日本では、地域ごとの多様性を脇に置いた、全国一律の基準に基づく整備を展開していった。この背景となるのが「国家の自然観」である。その結果、たとえば中小の水害は大幅に減少し、快適で便利な暮らしを手に入れることができたが、一方で、想定を超えた洪水に対しては大災害を引き起こすという事態となっている。現代の私たちは、近代科学技術と無縁に暮らすことは不可能であり、土木整備も必ずそれに則ったものとなる。少し単純化しすぎるかもしれないが、先の篠原の定義による文明を「国家の自然観」と、文化を「民衆の自然観」と読み替えれば、土木デザインとは、「国家の自然観」と「民衆の自然観」をつなぐもの、「国家の自然観」に基づきながらも、「民衆の自然観」を育むもの、そのように捉えることができないだろうか。そして、それら両者をつなぐものが、大地の造形化による風景の形成である。おそらくデザインという言葉は、この点にこそかかってくるものだと思う。

土木という分野において、風景が議論され、景観デザインという実践が始まったのは1960年代からだが、それ以前のいわゆる高度経済成長期の土木事業は、「国家の自然観」のみに基づいていたのだろう。そこで最も欠落していたのは風景という視点だったのかもしれない。本書のテーマを言い換えると、文明と文化、「国家の自然観」と「民衆の自然感」をつなぐ、大地の風景としてのデザインはいかにして可能なのかという問いを、いくつかの実践をとおして考察することである。

土手の花見

文明と文化を風景でつなぐための、一つのヒントとして、「土手の花見」というものを紹介したい。川に沿ってのびる土手の上に、延々と桜並木が続いている。私が紹介するまでもなく、この風景は日本人の原風景の一つといってもよいものだろう。ちなみに、一直線に続く土手は、「東京物語」の防潮堤と同様、その上にあるものを美しく見せる。おそらく風景に、一種の抽象性が与えられるためだと思うが、だからこそ、柴又の寅さんも、金八先生の教え子たちも土手を歩くのである。この原風景とも言える「土手の花見」は、実は防災活動だという説がある［＊3］。

日本においては、6月頃から雨が多く降る梅雨となり、その後、台風が終わる9月末頃まで、水害の危険度が高い季節となる。一方、冬期には、降霜や氷結の作用によって、土の構造物である土手は緩んでしまうため、梅雨の前に締め固める必要がある。そこで冬が終わり、桜の咲く春の季節に人々が集い散策することによって、自然と土手が踏み固まっていくし、もし土手に危ないところがあれば、花見客たちが気づいてくれるだろう。すなわち、花見という風景の享受が、水害の季節への備えになっているのである。

もちろん、この「土手の花見」は、大熊のいう「民衆の自然観」によって生まれ、少しずつ伝播していったものだろうし、現在の基準（「国家の自然観」）では、木の根が土手の強度に悪影響を及ぼす可能性が

＊3　矢守克也、『〈生活防災〉のすすめ―防災心理学研究ノート』、ナカニシヤ出版、2005

写真1　私たちが大切にしてきた「土手の花見」。宮川堤（伊勢市）は吉村伸一氏らによって桜並木が保全された（山田裕貴氏提供）

あるということで、堤防の安定性や強さを確保するために必要なボリューム（定規断面という）の外側にしか植樹ができず、今日実現するには大きな困難がともなうことは事実である（写真1）。そのため、「土手の花見」の事例をそのまま現代にも適用し、文明＝国家の自然観と文化＝民衆の自然観を、土木がつくる風景によってつなぐということは難しい。しかし、この「土手の花見」で実現されていること（たとえば、風景の享受と災害への備えの両立）をヒントとして、現代においても違った形で再現できれば、自然と人間を土木がつなぐということを実現することができるのではないかと考えたい。

空間的な非自己完結性

篠原は、土木を形態的にみた場合の大きな特徴として、「非自己完結性」を挙げている［＊4］。スマートフォンや車など、デザインの対象としてわかりやすいものは、それ自体として明確な形をもち、自己完結性が高い。それらのものと比較すると、土木は、自然や地形との連続性や経年による形状の変化が大きく、空間的にも時間的にも、「非自己完結性」が高いというわけである。ここでは、この「非自己完結性」について、私なりにも考えてみたい。まずは空間的な側面からである。

土木施設とは、橋、道路、河川など多様な構造物の総称である。しかし、プロダクトデザインや建築デザインなどの近接領域と比較すると、土木施設は数haや数kmというサイズになることもあり、規模が大きく、公共性が高いということが特徴といえるだろう。しかしここで、その特徴について注意深く検討してみたい。たとえば、デザインする橋梁がたとえ何kmにわたろうとも、その橋梁は連続した道路のあくまでも一部にすぎない。同様に、何百ｍにわたる河川緑地をデザインしようとも、何十kmの長さをもつ河川の一部であり、１本の河川すべてを統一的にデザインすることは、構想的には可能だとしても、実際的には不可能である。また、そのような橋梁や河川も、都市や地域という広がりにおいては、個別の要素にすぎないともいえる。

土木がもつこうした特徴は、近接領域である建築とくらべると、より明瞭となる。

私が大学院生の頃（１９９０年代）、土木の専攻ではデザイン教育が充実していなかったため、先輩にならい、お隣の建築学科の学部生向けの設計製図を受講していた。自分の作品を思い返してみると、本当に恥ずかしいばかりだが、いちばん印象に残っているのは、軸組構造の理解を助けるために行なわれた既存木造住宅の模型化であった。いくつかの住宅が学生に割り振られたが、私は幸運にも、アメリカの大富豪ロックフェラーの住宅の設計も行なった吉村順三の「軽井沢の山荘」の担当となった。名作中の名作である。きゅっと締まったコンクリートの一階の上に、木の箱をそっと置いたような、一二四尺（約７・２ｍ）四

＊４　篠原修、『土木デザイン論―新たな風景の創出をめざして』、東京大学出版会、２００３

方の小さな建築。建築に関する正規の教育を受けていない私は、いくつかの図面と格闘しながら軸組模型を完成させた。居間、暖炉、階段、トイレ、キッチン、寝室など、暮らしに必要なすべてが、二尺グリッドの上にのって、きっちりと収まっている。ああ、この小さな建物の中に暮らしのすべてがあるんだ。このことが私を何よりも驚かせたことであった。

「軽井沢の山荘」は特別だとしても、住宅を建築設計の基本と考えることはできるだろう。水回りからリビング、寝室まで、暮らしに関わるすべてが住宅の中にはある。たとえどんなに小さくとも、それは一つのまとまりとして完結した全体として捉えることが可能である（もちろん、水道や電気などのインフラと接続する必要はあるが、現代ではオフグリッドハウスというものもあるし、無印良品で住宅が売られていること自体、一つのまとまった全体性・自己完結性をもったプロダクトであることの証左だろう）。

建築のもつこのような全体性と比較すれば、土木施設は、一つの構造物がどんなに大きくても、常により大きなシステムの部分でしかないと意識せざるをえない。つまり、土木施設は単体として規模が大きいとしても、あくまで部分であり、そのデザインにおいては、直接的なデザイン対象とはならない連続する道路や河川、あるいは周辺の街並みなど、デザイン対象と関連する全体に対する配慮が重要となる。

これを、先に示した土木デザインの定義の中でも、「大地の造形化」という点に即して考えれば、あくまで文明を大地〝に〟造形化するのであって、当然ながら大地〝全体を〟造形化するわけではない。つまり土木とは、大地の〝部分的な〟改良なのである。

ここでも、建築との比較で考えてみよう。近年建築の分野では、スクラップアンドビルドするのではなく、古い建物を活かしつつ新しい価値を創出するリノベーションという技法が流行している。これは、環境や資源、経済のことを考えても時宜にかなった有効な取り組みであると思うし、実際、新築では実現できない素敵な場所が数多く生まれている。しかし、土木においては、常に、より大きなシステム（その最たるものが大地＝自然であろう）の部分的な改良でしかない。

たとえば、長大橋の新設だろうが、何㎞にわたる堤防の構築だろうが、それらは連綿と続く道路や河川の部分的な改良にすぎない。つまり、土木とは常にリノベーションなのである。優れたリノベーションは、新しい価値のみならず、その場での時間の蓄積やその場所が成立する大きなシステムを感知させてくれる。すなわち、部分的な改良、リノベーションとしての土木という意識は、具体的な場所のデザインがより大きなシステムにつながっているということへの気づきともなり、土木デザインの一つの魅力、土木的発想の核ともなりうるだろう。

時間的な非自己完結性

リノベーションは、空間的な部分性とともに時間的なものでもある。そこで次に、土木の「非自己完結性」について時間という側面から考えてみたい。土木と関係する時間については、土木施設そのものが有する時間と、その施設が投げ入れられる時間の二つがあるが、まずは前者について考えてみよう。

時間的にみれば、土木構造物は一度つくられると簡単に壊すことはできず、50年、１００年という長い時間、使い続けられる長寿命な存在でなければならない。また同時に、出来上がるまでの時間を考えても、調査や計画から竣工まで、数十年かかることも多く、整備に時間がかかることもまた大きな特徴である。このような時間性に対して、土木のデザインはどのように考えればいいのか。第3章でもあらためて述べるが、土木という事業に対するデザイナーの役割とは、構想や調査から始まる整備の長いプロセスを仕上げる、リレーのアンカーであると同時に、整備後に始まる利活用や維持管理・運営（最近では、維持管理という消極的かつ義務的な言葉に対して、積極的かつ主体的な運営という言葉が多く使われるようになった）という長いリレーにおけるスターターとしても機能しないといけないのではないかと考えている。ここで一つ、私も関わったプロジェクトで、この時間性そのものがテーマとなった橋梁の架け替え事業について紹介したい。

小戸之橋プロジェクト

宮崎市の中心部に架かる小戸之橋《おどのばし》（橋長５０６ｍ）は、幅員も狭く、老朽化のため大型車も通れない15径間の鋼橋（１９６３年完成）であったが、その橋梁を7径間のコンクリート橋へ架け替えるプロジェクトである。私は、２００９年頃より、コンクリート橋として決まった橋に対して、ディテールや舗装、高欄などの橋面工のデザインを検討する立場として関わりはじめた。景観デザインとしては典型的な関わり方である（本来は橋種など、橋の本体から関わるべきであるが、それを決める技術・景観検討委員会の座長を、当時上司であった小林一郎教授（熊本大学）が務めていたため、関わりはじめる以前から十分な議論の共有はあった）。

私たちは、検討委員会で設定された「歩いてみたくなる広がりのある風景の道」というテーマを実現すべく、住民を招いたワークショップを開催し、学生たちがつくった模型を囲みながら議論を行なうことで、自転車や歩行者を中心とした橋のデザインを決定していった。通常、このまま工事に入り、デザイン監理を行ないながら、完成に向けて努力していくという流れになるのだが、この橋では、ここからのプロセスがとてもユニークなものとなった。

というのも、この橋は仮橋を架けずに架け替えるため、通行止めとする期間が7年半にも及ぶのである。

一般に、特に市街部の橋は、その交通を止めると周辺に大きな渋滞が発生してしまうため、仮橋を付近に架けるか、現橋をそのまま使いながら新橋を架けて、その後ルートを変更するなどの措置が取られる。そのため、単に橋を架ける以上の多くの予算が必要になる。また、現状の交通量に見合うように、二車線の橋梁を四車線に拡幅するとなると、当然、橋に接続する道路も拡幅しなくては意味がないため、これも莫大な経費がかかる。そこで小戸之橋においては、2008年に直下流に赤江大橋（新しい小戸之橋とほぼ同じ形状）を架橋し、2011年に小戸之橋をその一部とする昭和通線の交通を、赤江大橋を一部とする川原通線と分担させるように都市計画変更を行ない、仮橋を架けることなく架け替えることとしたのである。また、なぜ架け替えに7年半かかるかといえば、6月から10月までの雨の多い出水期は川の中の工事ができないため、旧橋の撤去だけでも、橋桁を半分壊すのに1年、残った半分に1年、橋脚に1年というように3年もかかるからである（もちろん、市の整備のため、一気に予算をかけられないという事情もあるのだが）。

そこで私たちは、この7年半をいかに意味のある時間とするか、そのチャレンジこそがこのプロジェクトにおいて最も重要な取り組みになるだろうと考えた。「朽ちるインフラ」という言葉によって、インフラの老朽化が問題となるようになって久しいが、この小戸之橋架け替えのようなインフラ再整備事業は、全国的な課題であり、この取り組みは多くのヒントを提供するのではないかと思う。

2013年11月の通行止めから、2021年4月の新橋開通までの7年5ヶ月の間、小林教授による「橋をかけずに、橋渡し」という素敵なキャッチフレーズを旗印に、さまざまな活動を行なった。共通して大切だと考えたのは、宮崎市在住の方々に活動の中心を担っていただくということであった。なぜなら、このチャレンジにおいて最も大切なのは、7年半の長さに負けない継続性であり、その継続的な取り組みも地元の市民目線で意味あるものとならなければならないからである。そのためには、今回の架け替えだけではなく、より長い時間軸の中で考えることも大切になる。

小戸之橋の由来は古く、いかにも宮崎の橋らしく、『日本書紀』に記されている伊邪那岐命《イザナギノミコト》が禊祓《みそぎばらい》を行なったとされる「日向《ひむか》の小戸《おど》の橋《たちばな》」という神話伝説がその由来となる。そこまで遡らなくとも、今回の架け替えに関わる小戸之橋としては、初代が1946年に都市計画決定された（終戦直後であるため、復興への願いが込められていたのかもしれない）木橋が初代、1949年の台風で一部が流出し、1959年に一部を鋼橋として復旧したのが二代、1963年に架け替えられ、2013年までの50年間、使い続けられた鋼橋が三代、そして今回のコンクリート橋が四代である。この60年以上にも及ぶ時間の中に、通行止めの7年半を位置づけることによって、その長さに耐えつつ、意味あるものにできると考えたのである。

具体的に行なわれた活動をいくつか紹介すると、まずは、2013年11月1日の通行止めの翌日に、「ありがとう小戸之橋さよならフェスティバル」が1万5000人もの来場者を集めて大々的に開催された（写真2）。このイベントを中心に企画したのは、宮崎市でNPO法人宮崎文化本舗を主催している石田達也氏である。サブカルチャーにも詳しい石田氏の企画らしく、小戸之橋をテーマとした戦隊モノのショーも開かれるなどユニークなものであったが、近隣の八坂神社のこども神輿が復活されるなど、上述した小戸之橋の歴史を意識しつつ、7年半の通行止めというちょっとした難事を祝祭化する素晴らしい機会であった。

一方、この7年半という時間そのものがユニークであることを活かすことも重要である。特に、橋桁を2年かけて壊すため、半分だけ架かったという不思議な風景が出現することである。このプロセスにおいては、地元のアーティスト河野塁氏と写真家・デザイナーの川島俊紀氏の若手2人ががんばってくれた。企画会議では、どうせ壊すのだから、カケヤやハンマーで市民参加で壊そうとか、AR技術を使って

写真2　ありがとう小戸之橋さよならフェスティバル

エヴァンゲリオンが壊している状況をつくろうなどというアイデアも出たが、なかなか実現は難しかった。それなら、みんなで壊される橋に落書きをしようということになったのである。

旧橋を半分壊し、出水期で工事も休止していた2014年10月、実物大のクジラを主役にした海の生き物たちを、20名ほどの地元アーティストが旧橋に描く「小戸之橋魚群アート」を実施した（写真3）。そして6年後の2019年11月には、舗装前の新橋に、家族となって帰ってきたクジラたちを、アーティストや地域の子どもたちが描き直した。これらの絵は後に意匠化されて、橋の四隅に設置される橋名板に、周辺の4つの小学校の代表者による文字とともに設置されている。

また、7年半という時間を活かす取り組みとしては、「小戸之橋フォトストーリー」がある。これは、半分残った旧橋を舞台として写真を撮り、新橋が出来たときに同じアングルで撮り直し、時間の経過を祝おうというものである。中心的に取り組んでくれた川島氏によれば、20グループが再撮影に参加してくれたそうである。それらの写真は、

写真3　半分残った旧橋に描かれた小戸之橋魚群アート（宮崎市提供）

写真4　小戸之橋フォトストーリー（右：2014年11月撮影、左：2021年3月撮影）

わざわざ同じ服装でのぞんでくれる家族がいたり、新婚さんに家族が増えていたり、あるいはあまり変わっていなかったりと、見ているだけでも楽しい（写真4）。

公共事業においても市民参加の重要性が言われるようになって久しく、小戸之橋のデザインにおいても市民意見をふまえて行なったが、このように、整備のプロセスを市民とともにいかに遊ぶかという視点もまた、市民参加の重要なポイントとなってくるだろう。なお、川島氏は橋の施工プロセスについても素晴らしい写真とともに発信し続けてくれた。

以上、土木事業が有する時間性の具体像を実感してもらうために、少し特殊な事例かもしれないが、私も関わった事業を詳しく紹介した。このプロジェクトは長い時間がかかるというだけではなく、むしろなかなか完結しえないという特性を積極的に引き受けることで、事業に関わる人々を広げていくというものであった。行政や設計者、施工者という直接的に整備に関わる主体だけに限定せず、遊びを通して多くの市民を巻き込むことで、主体という点でも「非自己完結性」を実践していくことが大切なのではないかと思う。

土木の神話性

次に土木が投げ入れられる時間について考えてみたい。新しい土木施設が建設される以前から、その場には長い時間が蓄積されている。土木がリノベーションであるとすれば、その時間の厚みに対して、新しい施設が何をなすかということが、その質を決定するだろう。

建築家である内藤廣は、篠原修による土木デザインの仕事をGroundscapeと名付けた〔＊5〕。Landscapeという、造園分野の言葉として定着し、どちらかといえば緑を中心としたソフトなイメージの強い言葉に対して、大地と格闘し、大地そのものを造形する行為としての土木デザインを、Groundscapeという言葉で表わしている。しかし、そもそも古来から、大地は神によって造形されてきたのではないだろうか。

たとえば平成28年熊本地震（2016年）において大きな被害を受けた阿蘇の立野地区について考えてみよう。南阿蘇村と大津町や熊本市を結ぶ主要幹線である阿蘇大橋を落橋させたのは、後に「数鹿流《すがる》崩れ」と名付けられることとなる大規模な土砂災害であった。熊本地震については第4章で詳しく述べるが、自身も被災者であった私がこの土砂災害現場を実際に視察できたのは、4月16日の本震から10日後の4月26日のことであった。

このときの衝撃は忘れられない。大きく崩れた山肌はもちろん、地震以前は深い緑に覆われていたその前面を流れる黒川峡谷は、緑がつくる優しい表情がすべて剥がれて、土と岩による黒々と厳しい峡谷としてそこにあった（写真5）。すでに熊本市や益城町において、建築や擁壁などの人工物が壊れている風景には多く触れていたのだが、この風景は、地震が地球の出来事であること、まさに「earth（大地）」が

「quake（震える）」することなのだということを強く実感させるものであった。

　このような大きな被害を出した立野地区では、旧阿蘇大橋より下流に位置を変更した阿蘇大橋の再建、土砂災害で埋没した国道57号の北回り代替ルートの整備などの復旧事業とともに、地震前から計画が進行していた治水専用の流水型ダムである立野ダムも、地震後の検証作業の後に進行中である（２０２３年3月竣工予定）（写真6）。ところで、この阿蘇の成り立ちを神話に求めれば、以下のような話になる。

　阿蘇は、外輪山で囲われた大きな湖であったが、健磐龍命《ワケイワタツノミコト》という神様が水を抜いて豊かな田畑をつくろうと思い立ち、外輪山を蹴破ろうとした。一度目は、山が二重になっていたため堅牢で破れず、その場所は後に「二重《ふたえ》の峠」と呼ばれるようになった。再度挑戦し、蹴破れた場所が現在の「立野」で、地名の由来は蹴破ったときに健磐龍命が転んで尻餅をつき、「立てぬ」と叫んだことらしい。ここから流れ出した水は白川となり、そのおかげで熊本は広大な沃野となった。阿蘇ジオパーク推進協議会会長の言葉によれば、阿蘇も、そして熊本も、すべては立野から始まったということだ。

　２０２０年9月に開通した国道57号北側復旧ルートは、「二重の峠」の真下をトンネルで通っている。この峠は、江戸時代には肥後藩の参勤交代路でもあった。立野峡谷を通る国道57号やＪＲ豊肥線のルート（熊本地震で被災）のほうが高低差も少なく、楽に進めると思うのだが、神話が示しているように、この「二重の峠」のほうが地形的に安定していた地なのであろう。その地が、現代においても防災的に有利な場所として選ばれているのである。一方、立野ダムに関していえば、せっかく神様が開けてくれた穴をわざわざ塞ごうとしているものとも言えるかもしれない。私はこの立野ダムの整備にも景観デザインのアド

＊5　内藤廣監修、『グラウンドスケープ宣言―土木・建築・都市―デザインの戦場へ』、丸善、２００４

写真5　阿蘇大橋を落橋させた熊本地震の「数鹿流崩れ」

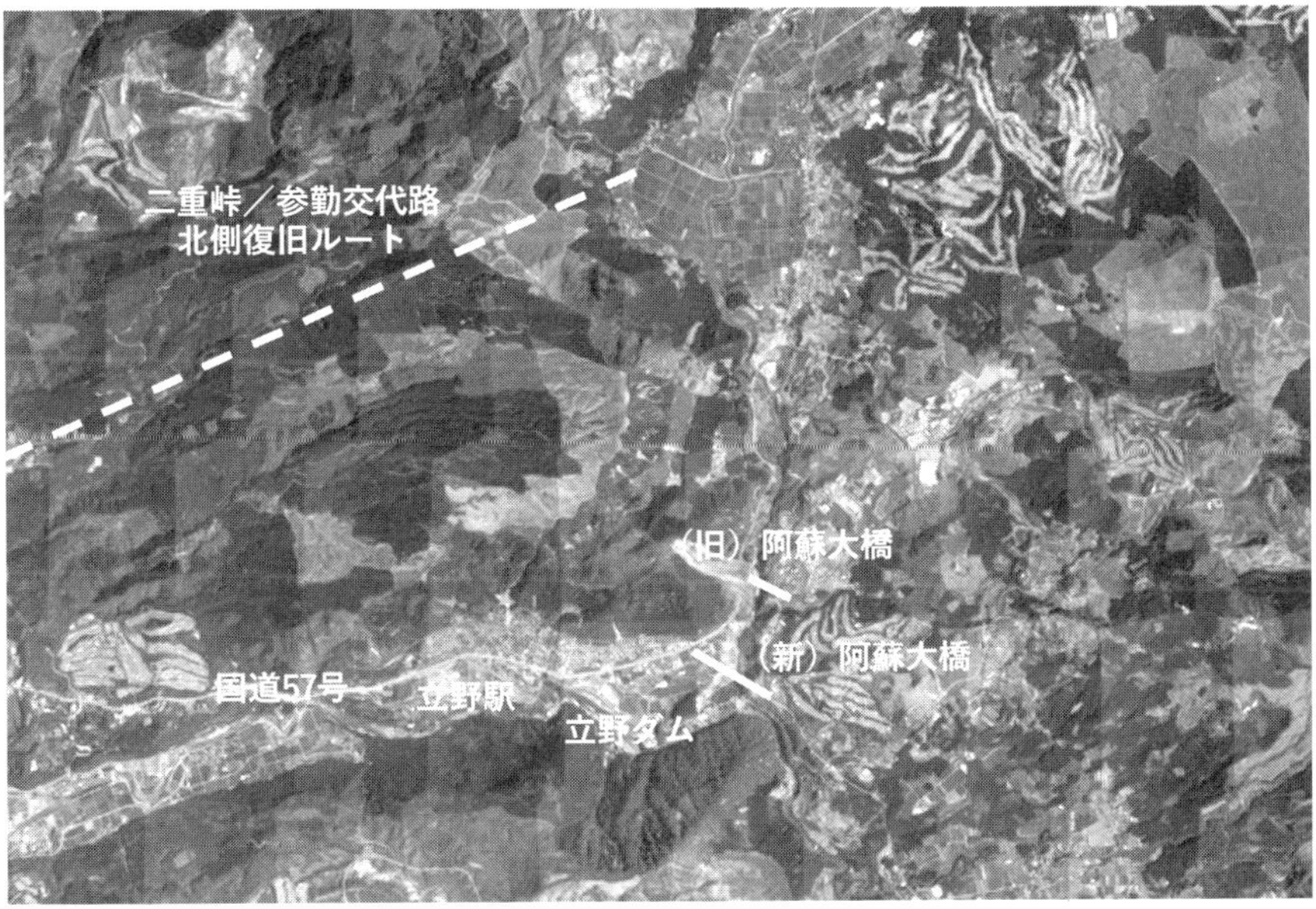

写真6　立野地区で行なわれている土木事業（国土地理院航空写真に加筆）

バイザーという立場で関わっている。関係者として、健磐龍命に言い訳させてもらうとすれば、雨の降り方も下流の暮らし方もだいぶ変わってきたので、申し訳ないのだけれど、大雨のときだけでも水の流れをちょっとだけ留められるように、せっかく開けていただいた穴を少し小さくさせてください、といったところであろうか（実際に、白川河川整備基本方針に基づいた立野ダムの高水カットは、３４００㎥／ｓに対して、４００㎥／ｓのみである）。

このように考えてみると、現在立野地区で進行している土木事業は、神話的な意味を、知らず知らずに有してしまっているといえるのではないか。なお、ダムの整備に関して付言すると、その是非に関してはさまざまな議論があり、どちらの立場の意見にも耳を傾けるべき真実があると思う。正直、その間に立って、身も裂かれるような思いをすることも多い（誰に頼まれたわけでもないのに）。ただ、いずれにせよ、ダム整備に関して（本来はすべての事業においてだが）は、その可否については慎重に議論・判断すべきだと思うし、その議論の中に、ここで述べたような、土地の成り立ち＝神話＝物語にそのダムが位置づけられるのかどうかという視点を盛り込むことが必要なのではないかと思う。新たなに物語を紡ぐことは、「民衆の自然観」と「国家の自然観」をつなぐ、大切なキーワードになるのではないだろうか。

まとめると、地震に限らず、自然災害に対する土木的な復旧事業は、大きく地形を改変する可能性が高く、いわば、大地そのものを部分的にも造形し直すと言うべきものとなる。つまり、土木が投げ入れられる時間は、まさに大地や自然が有しているだけと同じ長さ、人間からみれば神話的ともいえる時間をもっているのである。気候変動などの影響もあって、自然災害が頻発している現代にあって、土木事業が必然的に有さざるをえない、このような神話性に自覚的であるとともに、畏怖の念をも抱くことが必要になってくるのではないかと考えている。

しかし、この点において付け加えておきたいことがある。これは土木というよりも風景に関することだが、歴史的にみると、風景について論じることと全体主義的な思想の親和性は高い。たとえば、志賀重昂の『日本風景論』が出版されベストセラーとなったのは日清戦争時、先行する西欧国家に対して、日本が自らのプライドを確立させようとしていた時期であった。中村良夫は『風景学入門』の巻末において、その危険性を指摘しつつも、風景学の主旨からいって、全体主義ではなく地域主義に行き着くだろうと述べている[*6]。私もそうあってほしいし、そうあるべきと強く願うが、不可視の全体(国土)や名も知らぬ先達に思いを馳せるべき土木デザインにおいて、ここで述べた神話性のようなものを、わかりやすく口当たりのよい物語としてのみ捉えてしまうという危うさがある。

土木が担ってしまう神話性は、文脈依存度が非常に高い。性差や障がい、国籍など、社会のダイバーシティ(多様性)を高めることの重要性は論を待たないが、文脈を共有できない多様な人々とどのように新しい地域をつくっていくのか。安易な全体主義に突き進まずに地域主義へ留まることは、思うほど容易ではないのではないかと感じている。

〝顕われ〟としての自然災害

土木施設にとっては、洪水などの自然災害を防ぎ人々の暮らしを快適かつ安心に暮らせるようにする、防災というものが大きな目的の一つとなる。次章以降に考察する実践も、すべて災害に関わるものである。

*6 中村良夫、『風景学入門』、中公新書、1982

土地の成り立ち＝神話との関連でいえば、災害の多い日本においては、その土地の成り立ちの始原には自然災害があり、それらは伝説や伝承という形で残されている場合も多いのではないだろうか。たとえば、第4章で詳しく述べる益城町は、熊本地震において大きな被害を受けたが、震源となった布田川《ふたがわ》断層帯が町を横断していて、断層に並行して流れる秋津川の河岸段丘として形成された町である。熊本地震の地表地震断層のうち最大の2・5ｍの横ずれを示し、天然記念物ともなった堂園地区には、「大蛇伝説」がある（写真7）。その地にある堂園池という溜池を、大蛇がトグロを巻くように掘り、掘った土は近くの辻ヶ峰という小山になったという伝説である。この大蛇とは断層のことだったのではないかというのである。もちろんその真偽は定かではないが、仮に真だったとすれば、古の災害を伝承という形で後世に伝えようとしていたのだろうと思われる。同時に私にとって興味深いのは、今回の地震が180ｍにわたる地表地震断層をこの地に現出させることによって、単なる伝承にすぎなかった「大蛇伝説」が豊かな意味をもった物語として、私たちに認識されるようになったということである。

内山節はその自然哲学において、人間が労働をとおして生み出す使用価値の源泉として、自然をさまざまな作用の総体・体系として捉えようとしているが、「古代の〝神々〟は、自然の作用の具象化されたものとして登場してくる」と述べている［＊7］。つまり、今まではよく意味のわからないお話という形でのみ保存されていて、私たちが暮らす土地を成り立たせているにもかかわらず、隠されていた「古代の〝神々〟」＝「自然の作用」が、災害によって顕わとなったのだと考えることができよう。

以前、長崎について調べていたときに、1982年の長崎大水害によって、長年の埋め立てによってわ

＊7　内山節、『自然と人間の哲学』、内山節著作集6、農文協、2014

写真7　畦の形状によってよくわかる
堂園地区の地表地震断層

かりづらくなっていた地名の由来、すなわち細長く奥まで続く入江という地形的特徴が現出したという記事を読んだことがあった。また、2011年の東日本大震災の後、津波に破壊された町や、海に戻ってしまったような干拓地を見たとき、これは、私たちが遠く忘れてしまった太古の風景だったのではないかという感慨をもった。地震や洪水、津波など、自然災害は私たちにとってはとても辛い災いだが、一方で、普段気がつくことの少ない自然の本質の〝顕われ〟ともいえるのではないだろうか。熊本地震を契機に、断層や地質、あるいは地下水など、私たちの暮らしを支えている土地の成り立ち、自然の本質について目を開かされた熊本県民の一人である私の偽らざる思いである。

天災は忘れた頃にやってくる

とはいえ、やはり私たちは忘れてしまう。防災に関して誰もが知っている「天災は忘れた頃にやってくる」という有名な言葉は、私の勤める熊本大学の前身五高出身の寺田寅彦（1878～1935年）の言葉と伝えられる。満州事変（1931～1933年）が起こり、国際紛争への不安の渦中にあった日本を1934年9月に襲った自然災害が、室戸台風（死者・行方不明者：約3000人）であった。先の言葉の元となったといわれる随筆「天災と国防」は、その2ヶ月後に書かれたものである［＊8］。寺田は、下記のように言う。

文明が進むほど天災による損害の程度も累進する傾向があるという事実を充分に自覚して、そして平生からそれに対する防御策を講じなければならないはずであるのに、それがいっこうにできていないのはどういうわけであるか。そのおもなる原因は、畢竟そういう天災がきわめてまれにしか起こらないで、ちょうど人間が前車の顛覆《てんぷく》を忘れたころにそろそろ後車を引き出すようになるからであろう。

近年頻発する大きな自然災害をみても、土木の施設だけですべての災害を確実に防ぐことは不可能であることは誰の目にも当然で、それらによってできることは、災害の頻度を下げることである。もちろん、それだけでも私たちの日常の暮らしにとっては、とても大切なことだが、しかし、頻度が下がることによって、寺田が言うように、先に出た車の転覆を忘れさせてしまうかもしれない。すなわち、それらの防災施設が提供する不完全な安心は、人と自然の距離を遠ざけ、寺田が注意する〈忘却〉を促進させる危険を生み出してしまうのではないか。本書のいちばんの問題意識はこの危険性にあるといってよい。

上手に思い出すこと

ここで、災害に関する文章ではないが、小林秀雄（1902～1983年）が、戦前に書いた「無常という事」（1942）というエッセイを想起してみたい[＊9]。「文学界」という雑誌に発表されたのは、1942年7月。寺田が「天災と国防」を書いた年よりも戦況は悪化していると同時に、先の室戸台風

＊8　寺田寅彦、「天災と国防」、寺田寅彦随筆集第五巻、岩波文庫、1948
＊9　小林秀雄、『モオツァルト・無常という事』、新潮文庫、1961

に続いて、谷崎潤一郎（1886〜1965年）が『細雪』にも描いた阪神大水害（死者600名を超える）が1938年には発生している時代である。小林は、京都の郊外を散策しているとき（寺田の危機感に対して、いかにものんびりしているように思えるが）にふと「一言芳談抄《いちごんほうだんしょう》」（14世紀初頭に成立した仏教の教えをまとめた書物）の一節を思い出した。その経験を振り返りながら、次のように記している。

> 思い出が、僕等を一種の動物である事から救うのだ。記憶するだけではいけないのだろう。思い出さなくてはいけないのだろう。―中略―
> 上手に思い出す事は非常に難しい。―中略―成功の期はあるのだ。この世の無常とは決して仏説という様なものではあるまい。それは幾時如何なる時代でも、人間の置かれる一種の動物的状態である。現代人には、鎌倉時代の何処かのなま女房（若い宮廷女性）ほどにも、無常という事がわかっていない。常なるものを見失ったからである。

小林は〈思い出〉が人間を一種の動物であることから救うというが、現代人は「上手に思い出すこと」が苦手だともいう。本書の問題意識からいえば、防災施設は、人々を災害から遠ざけ、意識せずに暮らすことを可能とさせるという点で、思い出すことをさらに難しくしてしまうものかもしれない。それらが、〈常なること〉を「上手に思い出す」きっかけとなるような、あるいは、そのような〈思い出〉を育む場所となるようなことはできないのか。小林も「成功の期はある」という。おそらくその期とは、小林が「一言芳談抄」の一節を思い出した散歩のような時間、「青葉が太陽に光るのやら、石垣の苔のつき具合やらを一心に見ていた」ような、周りの風景に心を奪われるような時間に鍵があるのではないかと思う。

〈常なること〉としての自然観

さて、〈常なること〉とはなんだろうか。特に、自然観の現われとしての土木を考えようとしている本書にとって。自然そのものは、日々移り変わり、天変地異などをもたらす、まさに〈無常〉と言ってよいものだろう。しかし、それへの対し方、そこに〈常なるもの〉が潜んでいるのではないだろうか。たとえば、「時雨《しぐれ》」、「五月雨《さみだれ》」といった雨に対するさまざまな日本語。寺田は、先の「天災と国防」の翌年に書かれた『日本人の自然観』[*10]において、以下のように述べている。

人間と自然を引っくるめた有機体における自然と人間の交渉はやはり有機的であるから、たとえ科学的気象学的に同一と見られるものでも、それに随伴する他要素の複合いかんによって全く別種の意義をもつのは言うまでもないことである。そういう意味で私は、「春雨」も「秋風」も西洋にはないと言うのである、そうして、こういう語彙自身の中に日本人の自然観の諸断片が濃密に圧縮された形で包蔵されていると考えるのである。

一方、寺田は、戦前の国土が自然災害に対して脆弱であったことの要因を、近代化を急いで、日本人が古来から育んできた自然観を忘却していることにみていた。先に紹介した「先の車の転覆を忘れる」と

*10　寺田寅彦、『日本人の自然観』、寺田寅彦随筆集第五巻、岩波文庫、1948

は、この自然観の忘却である。科学技術が発展した近代以降にさらに問題となるのは、自然をよく観察して、その実体を知ること（「相する」という言葉がある）を蔑ろにして、この忘却を克服と勘違いしてしまうことにあると寺田は指摘している。

たとえば、昔の日本人が集落を作り架構を施すにはまず地を相することを知っていた。西欧科学を輸入した現代日本人は西洋と日本とで自然の環境に著しい相違のあることを無視し、従って伝来の相地の学を蔑視して建てるべからざる所に人工を建設した。そうして克服し得たつもりの自然の厳父のふるった鞭のひと打ちで、その建設物が実にいくじもなく壊滅する、それを眼前に見ながら自己の錯誤を悟らないでいる、といったような場合が近ごろ頻繁に起こるように思われる。昭和九年十年の風水害史だけでもこれを実証して余りがある。

昭和9年の水害とは、先に紹介した室戸台風であり、翌年の昭和10（1935）年には梅雨前線によって京都に大水害が、台風によって利根川水系の烏川などで大きな水害が起こっている。この苦言はそのまま、高橋裕が『国土の変貌と水害』において、「われわれは川を自然としてではなく、きわめて即物的に利己的に、もしくは道具としてしか扱ってこなかった［＊11］」という反省に通じるだろうし、現代の私たちに向けられたものとして受け取っても、その意義は全く減少しないどころか、さらに耳が痛いものとなっているのではないだろうか。

複雑な環境の変化に適応せんとする不断の意識的ないし無意識的努力はその環境に対する観察の

精微と敏捷を招致し養成するわけである。同時にまた自然の驚異の奥行きと神秘の深さに対する感覚を助長する結果にもなるはずである。自然の神秘とその威力を知ることが深ければ深いほど人間は自然に対して従順になり、自然に逆らう代わりに自然を師として学び、自然自身の太古以来の経験をわが物として自然の環境に適応するように務めるであろう。前にも述べたとおり大自然は慈母であると同時に厳父である。厳父の厳訓に服することは慈母の慈愛に甘えるのと同等にわれわれの生活の安寧を保証するために必要なことである。

自然とは元来、多様で活動的なものであり、豊かな農作物などの実りをもたらす「深き慈愛をもってわれわれを保育する〈母なる土地〉」であると同時に、災害などをもたらす「しばしば刑罰の鞭をふるってわれわれのとかく遊惰に流れやすい心を引き緊しめる〈厳父〉」としての役割を担っているという。自然そのものはその活動性のために、〈無常〉ともいえるものだが、その自然に対する豊かな感受性、深い意識、すなわち自然観とは、「われわれの生活の安寧を保証する」ために、私たちが見失ってはいけない〈常なるもの〉ということができるのではないだろうか。

人間の暮らしのために、強く自然に介入する土木事業は、ともすると自然と人間の関係を断ち、いわば〈忘却〉装置として機能してしまう危険性が高い。しかし、自然と人間の関係そのものを組み変えるものとしてデザインすれば、その関係をより強く、より深く意識化させる装置ともなりうるのではないかと考えたい。

＊11　高橋裕、『国土の変貌と水害』、岩波新書、1971

土木の美

私が篠原修の景観・デザイン研究室に入ったのは1993年であったが、修士1年であった1994年に中村良夫が土木学会80周年記念事業の一環として紹介していた柴田敏雄の写真は衝撃的であった。一切、美しさなどには配慮されているようには見えない、山の斜面をコンクリートで固めた法枠工や砂防堰堤などの土木構造物が、手触り感の豊かなモノクロームの画面に定着されている。空間を美しく快適にデザインすることを学びはじめていた私にとって、デザインの対極にあるような構造物が、なぜ、こんなに美しいのかと。

柴田の写真が被写体としているものの多くは、人間の暮らしを守るために行なわれた、自然に対する強引な押し付けのような人工物である。柴田は、『日本典型』（1992）という写真集で第一七回木村伊兵衛賞を受賞しているが、それらの人工物は、日本中の至るところで私たちが目にするものであり、日本の地形や自然環境、自然（自ずから）には環境と共存できなくなった私たちの暮らし方の変化など、まさに日本の典型を示すものであろう。柴田の手による写真をとおしてではなく、たとえばドライブの途中に目にすれば、むしろ残念に思ったり、考え込んでしまうような風景ではないかと思う。できれば、このような人工物に頼らずとも、自然と共存していける道を探していきたいとも思う。にもかかわらず、柴田の写真から感じる美しさは、なんだろうか。

極度に抽象化され、日本の山河が平面的な彫刻に化せられたように感じる柴田の写真を眺めると、固さに対する柔らかさ、ピーンと静止した中のささやかな動きのようなものを感じる。中村良夫は、「そのモノクロームの緻密な山河はおそろしく殺風景だが、清く澄んだ画面に名状しがたいやわらかさがあった」という［＊12］。この「やわらかさ」である。弧を描く砂防堰堤を覆う水の流れ。四角形が規則的に並ぶ法枠工を不定形に取り囲む森。山肌に吹き付けられたモルタルの表面をドコソコから突き破って茂る草たち（写真8）。無味乾燥な人工物で自然をなんとか縛りつけようとしても、当然のように自然はそんなことには負けず、むしろその隠れていた柔らかさや強さを顕在化させてしまう。その顕われにわれわれは美しさを感じるのではないか。

内山においては、自然から貨幣価値のみをつくり出す「狭義の労働」に対し、使用価値の源泉を見出し、それを加えることによって本物の使用価値を生み出す「広義の労働」を通じて、発見され育てられるものが「作用の総体としての自然」であった［＊13］。その「広義の労働」とは、貨幣価値が浸透する以前の山村で行なわれていた農業や林業などであり、土木事業は「狭義の労働」の最たるものであった。しかし、柴田の写真は、土木がそのようなものであってもなお、あるいは、そのようなものであるからこそ、逆説的に自然の本質を顕わにしてしまうということが表現されているのではないか。第5章で詳しく検討するが、その自然とは、作用というよりはもっと生々しく、ときには災いとなるようなもの、マルティン・ハイデガー（1889〜1976年）の〈自然＝フュシス〉のようなものではないかと考えている。

＊12　中村良夫・柴田敏雄、『写真集テラ—創景する大地』、都市出版、1994

＊13　内山節、『自然と人間の哲学』、内山節著作集6、農文協、2014

写真8　「埼玉県児玉郡神泉村 1993年」
（中村良夫・柴田敏雄、『写真集テラ』、p17）

自然と人間をつなぐインターフェース

本章では、デザインの対象としての土木について、大切だと私が考えることについていくつかの視点から整理してきた。土木とは、空間的にも時間的にも「非自己完結」であり、全体に対する部分である。一方で、本書で扱う自然災害に対する土木にとって、その全体とは自然そのものであり、大地に造形することをとおして、その自然の一部となってしまう土木は、図らずも自然がもつ本質を顕現させてしまう。防災施設は、人間と自然の間に境界を設け、両者の関係を引き離すもの、すなわち災害の忘却装置として機能してしまうことも多いが、全体を表象する部分としての土木という点に着目すれば、日常的な暮らしの中では気づきにくい自然という全体を、触知可能な部分として構築し、土木を介して人間と自然の新たな関係を紡ぐということが可能になるのではないだろうか。自然と人間の間にあってそれらをつなぐもの、すなわち、「自然と人間をつなぐインターフェース」としての土木であり、土木をデザインするとは、この「インターフェース」としてのあり方を、それぞれのプロジェクトにおいて定義し、その働きを最大化させることなのではないかと、私は考えたい。

デザイン（design）の語源は、ラテン語の「designare」で「計画を記号に表わす」ことだと言われているが、〈分離〉などを意味する接頭語「de」と〈しるしをつける〉という意味の「sign」という言葉が組み合わさったものである。私はデザインを、〈しるしとして引き出す〉ことと捉えたい。建築家の内藤廣は、技術・場所・時間の「翻訳」としてデザインを定義し［＊14］、デザイナーの原研哉は、デザインは「欲望のエデュケーション」である［＊15］という。内藤においては、デザインとは、そのモノを支えるさまざまな事柄をユーザーに伝えることだと理解できるし、原においても、「エデュケーション」という言葉の、教育というよりは潜在するものを開花させるというニュアンスが重視されている。内藤は対象のほうに、原は人間（ユーザー）のほうに力点を置いているという相違はあるかもしれないが、両者とも、人間の構想や計画を実現すること以上に、その背景となるものへアクセスさせるということをデザインと捉えていることは共通すると思う。

次章以降に紹介するのは、土木のデザインを「自然と人間をつなぐインターフェース」のデザインと捉えた実践の記録である。

＊14　内藤廣、『構造デザイン講義』、王国社、2008

＊15　原研哉、『日本のデザイン―美意識がつくる未来』、岩波新書、2011

第2章

大地との格闘——曽木の滝分水路

平成18年7月豪雨

２００６（平成18）年7月18日から24日にかけて、九州南部の川内川《せんだいがわ》流域では、総降雨量が１０００㎜を超える記録的な豪雨が発生した。被害は、床上浸水１８４８戸、床下浸水４９９戸、浸水面積２７７７ha、流域住民約5万人に対し避難勧告や避難指示が発令されるほど甚大なものとなった〔＊1〕。毎年のように記録的な豪雨が襲ってくることに、現在の私たちは慣れはじめているように感じるが、そのような豪雨災害が頻発するようになった最も初期の豪雨が、この平成18年7月豪雨だったのではないかというのが私の実感である。

気象庁では、損壊家屋等１０００棟程度以上または浸水家屋1万棟程度以上の家屋被害や相当の人的

＊1　国土交通省九州地方整備局川内川河川事務所、川内川激特事業記録誌、２０１３

被害を起こした気象事例に対して、特別に名称をつけている。試みに調べてみると、この豪雨以前は、2004年に連続して起こった平成16年7月新潟・福島豪雨（7月12〜14日、死者16名、床上浸水1916棟、床下浸水6261棟）、平成16年7月福井豪雨（7月17〜18日、死者・行方不明者5名、床上浸水3323棟、床下浸水1万334棟）があるが、それ以前となると、1993年に九州南部に甚大な被害をもたらした平成5年8月豪雨（死者・行方不明者93名、床上浸水1万6496棟）まで遡る。一方、その2004年以降だと、最近でいえば2019年の2つの台風被害や2020年に球磨川《くまがわ》を襲った令和2年7月豪雨をはじめ、2004年から2020年の17年間で、15件の気象現象に名称が付けられている（豪雪1件も含む）。

ここに打ち明ければ、2006年の時点で、私は強い危機感や問題意識をもっていなかった。気候変動や環境問題に対して、常識程度の知識をもちながら、何となく、ちょっと意識している一般人程度の暮らし方をしていたにすぎない。たとえば、熊本市に居住している私も間接的に平成18年7月豪雨を被災している。7月22日が土曜日で、私たち家族は2泊3日の屋久島旅行を計画していた。子どもたちもまだ小さく、初めての屋久島でとても楽しみにしていたので、豪雨の状況というより、屋久島に行けるかどうかのほうが、わが家にとっては大きな関心事であった。結局、金曜日の夜に自宅を出発し、通行止めとなっていた九州縦貫道を避け、ところどころ川のようになった一般道を夜通し走って、鹿児島港に到着。カーフェリーは運休だったので、車を港に乗り捨て、なんとかかんとか屋久島に渡ったのであった。もちろん、屋久島滞在中も、家族で楽しみつつも、水害の大きさの一端に触れたこともあって、被害の状況は気になっていた。しかし、その後、この災害の復旧事業に関わるとは全く想像しておらず、どこか他人事でもあった。今から考えると、全く面目のない話である。以下に述べることは、このような普通の人間が、事業に関わりながら考えた、目覚めの物語として読んでもらえれば幸いである。

直轄河川激甚災害対策特別緊急事業

話を川内川に戻そう。平成18年7月豪雨被害からの復旧を目指して、豪雨の3ヶ月後には、直轄河川激甚災害対策特別緊急事業（以下、激特事業と示す）が採択された。この事業は、1976年より始められたもので、浸水家屋数が2000戸を超える被害を被った河川に対して、おおむね5ヶ年程度を目処に、再度の災害防止のために実施する河川改修事業である。川内川激特事業は、総延長62・3㎞、事業個所37ヶ所、工期は2006年から2011年、総事業費は約375億円にのぼる大規模なものであった。ここで紹介する曽木の滝分水路事業は、当事業の一環として行なわれたものである［＊2］。

一般に、被災後に行なわれる災害復旧事業は大規模化することが多く、それらの事業が国土の景観形成に与える影響は非常に大きい。しかし通常の災害復旧事業では、防災力の向上とともに、整備のスピードが求められるため、景観や環境、まちづくりなどに配慮することは困難なことが多い。そのような問題意識の中、国土交通省（国交省）は、1997年の河川法改正にともない、1998年には「美しい山河を守る災害復旧方針」を策定し、現在まで数度の改正を重ねてきている。

当事業に景観的視点を導入できた理由は、多自然川づくりの施策の一つとして、2005年10月より、「激特事業及び災害助成事業等における多自然型川づくりアドバイザー制度」が運用されていたことである。そのアドバイザーである島谷幸宏九州大学教授（当時）が、川内川の激特事業においても景観的な配

＊2　国土交通省九州地方整備局川内川河川事務所、川内川激特事業記録誌、2013

慮を行なうべきだという提言を行なったことが、当事業の直接のきっかけである。

提言のポイントは、重点地区と一般（標準）部を分けること、重点地区には専門家を派遣することの二点であった。この事業の中でも大規模事業となるさつま町の虎居地区と伊佐市（当時は大口市）の曽木の滝分水路を重点地区として指定し、専門家には、虎居地区には島谷教授自ら、曽木の滝分水路には熊本大学チーム（小林・星野）を派遣することとした。島谷教授によると、専門家派遣という踏み込んだ提言が可能だった背景の一つに、九州の土木・景観に関わる学識者や専門家が集い、九州の景観について議論する場である「風景デザイン研究会（会長：小林一郎（当時））」が、ちょうど2006年7月より本格的に活動を開始し、九州内部に専門家派遣の母体があったことを挙げていた。

「風景デザイン研究会」は現在も活動中であるが、偶然なのか必然なのか、九州内に景観デザインやまちづくりを専門とする土木系の教員が多かったという事情を活かした研究会で、専門家の多い東京ではなく、地方において、このような研究会が成立していることは貴重なことだと思う。私が、曽木の滝分水路のプロジェクトに参加できたのも、仲間やタイミングに恵まれた結果であり、その幸運には感謝してもしきれないものを感じている。

多自然川づくり

まずは、このような取り組みの背景について整理していきたい。河川法改正以前、1990年に当時の建設省から通達された「『多自然型川づくり』の推進について」に基づく思想が、最も重要な背景となる。この多自然型川づくりは、1970年代よりスイス・チューリッヒ州やドイツ・バイエルン州ですでに始まっていた「近自然河川工法（Naturnacher Wasserbau）」に範をとり、「河川が本来有している生物の良好な成育環境に配慮し、あわせて美しい自然景観を保全あるいは創出する」ことを目指したものであった。

ドイツ語における「近自然」が「多自然」となった理由について、当時建設省においてこの運動を積極的に進めていた関正和によれば、「自然の多い川づくり、多様性豊かな自然あふれる川づくり」ほどの意味であったとのことである［＊3］。「自然」に「近」づくための技術と、「自然」を「多」とする技術。このような概念の相違にも、和辻哲郎の「風土」以降、数多く語られてきた、欧米人と日本人の自然観（あるいは自然への願い）の相違が反映しているように思う。

自然と人間の間には距離があり、自然を客観的な対象として、その距離を詰めていこうとする欧米的な発想に対して、多様な自然な中に包まれた存在として人間を捉え、その豊かさや恵みを享受しようという日本的な発想である。「近自然」は、あくまで人為の行為であることをふまえた表現であり、それを「多自然」とすることで、人為であることを曖昧にしてしまうという批判もありうると思うが、このような名付けの中に、「国家の自然観」の担い手である建設省としても、その行為の中に、なんとか「民衆の自然観」のようなものを盛り込めないかという苦労を見出すことができるだろう。

1990年の通達後は、数多くのモデル事業が行なわれ、1991年から2001年の間でその数は約2万8000ヶ所にまで及んでいる。しかし、その多くは、基準に則った標準的な河川改修をベースに、要素技術的に自然素材を使用するという程度のものであった。それでは、本来の目的である「河川が本来有している生物の良好な成育環境に配慮し、あわせて美しい自然景観を保全あるいは創出」しているとは

＊3　関正和、『大地の川―甦れ、日本のふるさとの川』、草思社、1994

いえないだろう。そこで2006年には、「多自然型川づくりレビュー委員会」が開かれ、特別なモデル事業であるような誤解を与える「型」という単語を抜いて、普遍的な川づくりの姿として、「多自然川づくり」という概念が提示された。これは、「河川全体の自然の営みを視野に入れ、地域の暮らしや歴史・文化との調和にも配慮し、河川が本来有している生物の生息・生育・繁殖環境、並びに多様な河川風景を保全あるいは創出するために、河川の管理を行うこと」と定義され、個別箇所ではなく河川全体、地域の暮らしや文化との結びつき、河川管理全般を視野に入れるという三点を重視したものであった［＊4］。

川内川の水害は、アドバイザー制度設立の翌年、レビュー委員会と同年に起こったものであり、このような川づくりに関する思想的な転換が行なわれていた時期の事業であった。しかし、その後の多自然川づくりにおいても、上述の課題はなかなか改善されていないようである。私個人の経験としては、2014年、チューリッヒで近自然河川工法を牽引したクリスチャン・ゲルディ氏が携わられた河川を、島谷教授らと、ゲルディ氏の案内で視察させていただいたことがある。その中でも最も印象に残っていたのは、チューリッヒ郊外のリマト川の自然再生の現場において、環境の部局から環境保護区に指定されてしまい、人が立ち入り禁止になってしまったことを、残念そうに話すゲルディ氏の姿であった。何事にも通じる話だと思うが、やはり、起源に立ち返ることは大切だ。その時々に直面する課題も、多くはパイオニアの方々も対決しているもので、そこに込められた思いや抱かれた葛藤は、後進の私たちにも多くを教えてくれる。リマト川においても、環境が再生されるだけでは十分ではなく、人と環境が「近」づいてこそ、「近自然」だったのだろうと思う。

曽木の滝

以上のような背景に基づいた曽木の滝分水路の整備であるが、建設地であった曽木の滝は、高さは12m、幅は200m以上もある雄大な自然景観を有した観光地であった。

大口市と菱刈町が合併して現在の伊佐市となるが、大口市出身の作家、海音寺潮五郎が1972年に書いた大口市歌は、大口盆地の成り立ちをモチーフとしている。一部抜粋すると、「いとはるかなる いにしへは 湖底なりしを 曽木の滝 欠けて流れて なりしとふ 郷なればこそ 野も山も みのりゆたかに 住む人の 心もよしや 桃源の……［*5］」とうたわれている。ここにうたわれているように、大口盆地は、中生代白亜紀の堆積岩の上に、第四紀更新世（約33万年前）の加久藤火砕流堆積物などにおおわれたカルデラ湖が、川内川の浸食によって排水され形成されたものであり、その排水箇所が曽木の滝である［*6］。そのため、曽木の滝は大口盆地から渓谷へと変化する中間点となっており、奇岩奇石をともなった景観が広がっている。

曽木の滝は年間30万人の観光客が訪れる、伊佐市を代表する観光地である。しかし、観光客の多くは、桜や紅葉のシーズン、もみじ祭り時の利用客であり、滝を見て帰る通過型の観光がほとんどである［*7］。

---

*4 萱場祐一、災害復旧における多自然川づくり 多自然川づくりアドバイザーの取り組みとこれからの課題、RIVER FRONT、Vol.88、pp.14-17、2019

*5 大口市郷土史編纂委員会、『大口市制五十五年誌』、大口市、2008

*6 大口市郷土史編纂委員会、『大口市郷土誌 下巻』、pp.9-12、大口市、1990

周辺に点在する豊臣秀吉の遺構や江戸時代の川ざらい跡、ダム湖に沈む曽木発電所遺構などと連携し、滞在時間の延伸を促すことが観光の課題として挙げられる。

一方、曽木の滝を治水面からみると、流下能力のボトルネック箇所となっており、豪雨の際には、その上流で多くの水害を発生させてきた。その課題を解消するため、すでに1983年には、左岸分水路方式がその解決策として計画されていたが、観光地の景観保全との両立がなかなか図れないために、実施されないでいた。激特事業の一環として行なわれている本事業は、その計画を修正しつつ行なわれたものであり、2006年7月出水を対象流量とし、曽木の滝地点3900㎥／sのうち現況流下能力相当の3700㎥／sを現河道で負担し、不足する200㎥／sを分派する計画で、平均幅約30m、延長約600mの分水路が整備された（写真1、2、3、4）。

以下では、曽木の滝分水路の整備にあたって行なわれた三つの協働（市民、技術者、施工者）について、整備のプロセスに即して記していきたい。なお、一般に公共事業への参加・協働という場合、その受益者たる市民が計画や整備にいかに参画するかという点のみが論点となりやすい。この曽木の滝分水路においても、市民の意見や協働は重要な要因となっているが、自然と格闘する災害復旧事業を土木のデザインの一つのモデルとして位置づけようという本書において、整備プロセスにおける技術者や施工者との主体的な協働もまた、見逃せない重要な要因となる。

脱お化粧デザイン

1983年の計画が実施されなかったのは、先に記したとおり、分水路の掘削によって生じる長大法面が、景勝地としての滝の景観を崩してしまうのではないかという不安のためであった。しかし、水害から復旧するためには、この分水路はどうしても必要な施設であった。そのため、学識経験者・市長・地元商工会・観光協会の関係者・地域住民の代表者から構成される「曽木の滝分水路景観検討会」（委員長：小林一郎熊本大学教授）が設立され、治水と景観保全の両立を図ることとなった。

まず、水害から1年3ヶ月ほどたった２００７年10月22日に第一回の検討会が開かれた。この会議では、国交省からの事業説明と検討会設立にともなう委員からの意見聴取が行なわれた。ここでは、１９８９年に計画された分水路形状（河床幅約60ｍ、施工延長約７００ｍ、以降「既存計画案」とする）が議論のたたき台として提示された。これに対し、分水路の下流に存在するアユの産卵場に影響は出ないか、分水路の形状が直線的で景観に調和していない、分水路と滝の間に残る中の島を観光的に使えないか、といった意見が出された。

しかし、この検討会での議論を聞いていた私が危機感をもったのは、景観という課題を狭義に捉えすぎではないかということであった。つまり、観光地である曽木の滝公園から見えなければよい、見える場合は緑で修景すればよいという発想が、行政だけではなく地域代表の委員の中にもみられたということである。まさに、多自然「型」時代と同様の、要素技術的に解決しようという環境や景観への考え方だと思う。しかし、景観検討の基盤には、まず、その場所をどう使い、どのように自らの暮らしの中に位置づけるのか、という議論が不可欠である。そのような共通認識がなければ、景観検討は単なる欠点を隠すお化粧の技法となり、その整備自体が、地域の暮らしに何ら貢献しないものとなってしまう危険がある。

＊7　大口市商工観光課、曽木の滝周辺整備事業基本計画報告書、pp.18-45、１９９４

写真1　整備前の曽木の滝周辺
(国土交通省提供)

写真2　曽木の滝周辺の出水状況
(国土交通省提供)

写真3　整備後の曽木の滝周辺
（国土交通省提供）

写真4　曽木の滝の景観

そのような問題意識の中、まず私たちは、検討会において、滝と分水路を含めた周辺地形を共有することが重要だと考えた。そこで周辺模型と既存計画案のヴァーチャルリアリティ（VR）を作成した（写真5、図1）。周辺模型では分水路と周辺の位置関係を把握し、VRでは周辺からの分水路法面の見え方を把握することに用いた。またこのとき、既存計画案の断面図に上書きしたスケッチも作成している（図2）。打ち合わせ中に5分程度で描いた、まさに落書きみたいなものである。しかし、このスケッチ（あるいは落書き）は、私の実感としては一つのブレイクスルーとなった。なぜなら、このスケッチは、景観検討が形のつくり方と空間の使い方が一体となっていることを具体的に示し、あたかも自然の川のような空間を目指すという一つのビジョンを、行政や委員会に参加している市民たちと共有することが可能となったからである。

全国の観光地の現代的な課題は観光客数の減少であるが、人口減少時代にある日本において、客数を単純に伸ばすことは難しい。そこで重要となるのは、滞在時間や来訪頻度の増加である。ここに示したビジョンは、滝を眺めるという、滞在時間の増加を求めることが難しい観光に加えて、遊べる場所として分水路を位置づけることで滞在時間を延ばすという観光的課題に貢献する可能性を示したものであった。

しかし、このような発想をもつことは決して難しくはない。もちろん勉強することも大切だが、まずは、一市民としての実感が大切なのだ。実際、このプロジェクトに参加が決まったとき、私は家族旅行を兼ねて曽木の滝を視察に行った。確かに滝は立派だったが、滝を見るだけでは子どもたちはすぐに飽きてしまう。眺める水だけではなく、触れる水、遊べる水があれば、家族で1日過ごせるのになあと思ったこと、こんな素朴なことが発想の原点にあるのである。

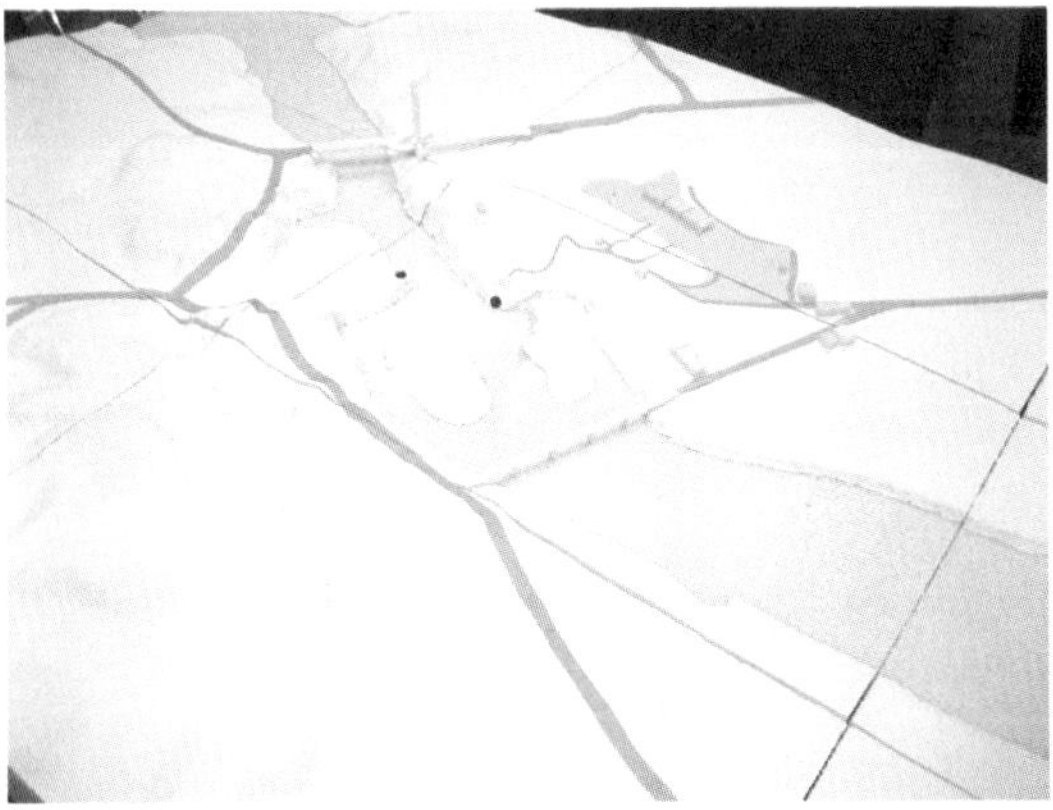

写真5　周辺模型（1000分の1）

図1　既存計画案のヴァーチャルリアリティ

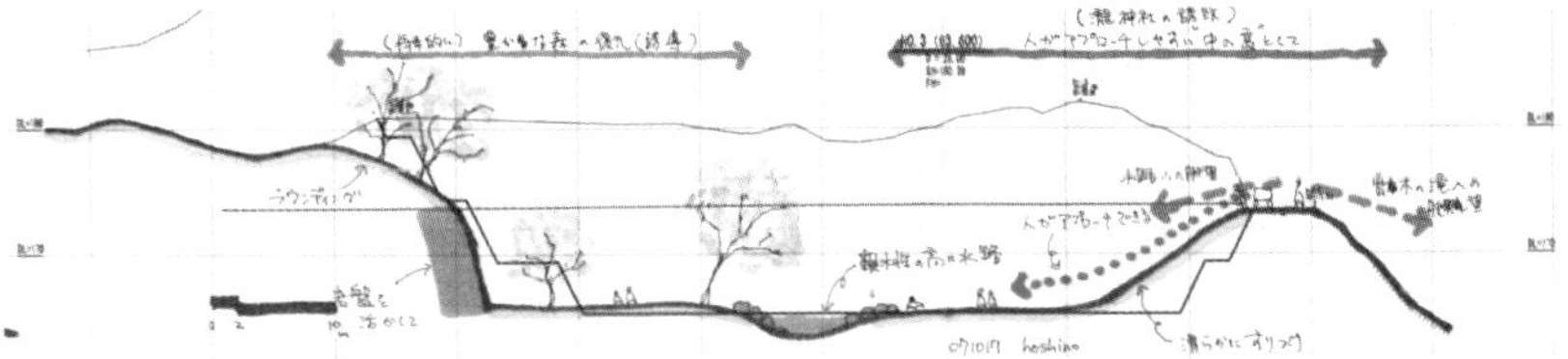

図2　既存計画案に落書きした断面スケッチ

住民とつくるビジョン

以上の作業結果を提示した第二回検討会（２００７年10月31日）では、既存計画案の長大な法面や無味乾燥な分水路形状などによる曽木の滝周辺景観への強いインパクトが確認され、分水路河床幅に対する疑義や、平時は水が流れないことに対する景観上および安心感の問題が指摘されている。この「安心感」という議論は非常に印象的であったので詳しく紹介したい。

曽木の滝上流に住む地域住民にとって、曽木の滝は洪水の元凶であり、この分水路は、その被害を軽減させることが整備目的の第一であった。しかし分水路が洪水のみを流すものとなれば、平常時は水の流れない空堀となって無味乾燥な空間となる。できれば、常に水が流れていてほしい。結果的には、川内川の水ではなく農業用水の排水を流して、分水路内にせせらぎ水路をつくることとなったが、その決定を後押ししたのは、被災住民の「この分水路にいつも水が流れている景色が、大雨のときでも大丈夫だという安心感を与えてくれる」という言葉であった。どういうことかというと、洪水の元凶となっている滝の脇に存在する分水路に、常時水が流れていることを確認できれば、この水が大雨のときは増えるのだという連想ができ、日々の安心感につながるというのである。

通常、防災というと非日常のことだけを考えがちであるが、このような意見は、非日常と日常が地続きであるという当たり前のことを実感させてくれる。特に、住民ワークショップなどの市民参加を通じた意見交換では、大きな声の意見（その多くは事業反対や行政への積み重なった不平不満）のみが、発言されがちである。もちろん、それらの意見にも耳を傾けるべきことも多いが、それだけが市民参加の意義ではないだろう。

写真6　第二回曽木の滝分水路景観検討会（2007年10月31日）。中央の模型が周辺模型

たとえば、先に紹介した安心感のような意見は、決して強い意見ではなく、ちょっとしたつぶやきのようなものであった。このような意見に耳を傾けることにこそ、ワークショップなどの意義はあるのではないだろうか。このような意識は、後に紹介する熊本地震における「ましきラボ」の活動につながっていく。

さて、分水路に水が流れているべきという意見は、魚道やカヌーに活用できないかという意見にも展開していった。これらの提案自体は、縦断（水を流す勾配）等の条件によって不可能なものであったが、この分水路を平時は水の流れない空堀ではなく、常に水の流れている川として考えたいという思いであり、断面スケッチで示した分水路の日常的な価値を高めたいという、私たちがスケッチに込めた思いと同根であったといえよう。また検討会の途中では、周辺模型を囲みながら、地域代表より「この場所から曽木の滝がいちばん美しく見える」など意見が出され、設計を本格化させていくためのワークショップのような検討会となったことも、景観検討は利活用と一体的に考えるものだという認識を共有させることに役立ったと考えている（写真6）。

曽木の滝分水路整備方針

以上の議論を経て、整備方針は下記のようにまとめられた。

景勝地曽木の滝や周辺景観と融合し、地域の魅力となる多目的要素を創出できるような分水路整備を目指す。

①周辺景観への配慮（曽木の滝と分水路との一体化）

曽木の滝公園や新曽木大橋等の視点場から曽木の滝と分水路が一体的な景観として見えるように、掘削切土面勾配やその形状、法面処理などを検討する。

②分水路線形・呑口部形状の検討

周辺の自然環境との調和を図るために、あたかも自然が創り出したかのような川の形状（分水路形状・呑口部形状）を目指し、三次元的に線形を検討する。

③多様なアメニティーの創出

平常時の分水路内における「多様な空間の創出」や周辺道路と一体となった「回遊性の創出」などを目指すために、分水路内の空間構成や動線計画を検討する。

①は周辺模型の検討によって、③は断面イメージの提示によって、大まかな了解が得られた。設計を本格化させるにあたり、②をいかに実現していくかが、デザイン検討の要となると私たちは考えていた。

景観とコスト

そこでまず着目したのが、第二回検討会でも話題となった河床幅である。既存計画案は、河川整備基本方針［＊8］に基づき100分の1確率（100年に一度程度の洪水）の600㎥／sが分派量として想定され、一部の用地買収もその計画に基づいて行なわれていた。用地買収範囲の中で、より自然な分水路を実現するために、激特事業の分派量200㎥／sを流しうる河床幅で検討を行なうこととし、仮の河床幅は最低20ｍと設定して作業を進めていった。一方で、滝の下流に位置する鶴田ダムの再開発（激特事業と並行して開始）竣工後は、河川整備計画［＊9］に基づき分派量を400㎥／sに拡大する予定となっていたため、整備計画河道への移行を手戻りなく実施可能にすることも必要であった。そこで、激特事業で整備する分水路内は、あらかじめ整備計画河道とし、分水路呑口部（洪水を引き込む入り口）区間の断面を狭くし、河床高も高くすることで分派量を制限する計画としている。なお、河川整備における整備方針と計画の位置づけについては、次章で詳しく紹介する。

私が所属する熊本大学チームは、起伏が激しく入り組んでいる対象地の地形を丁寧に読み取り、その起伏を最大限に保存することを基本に、激特計画案として、図上で河床ラインを複数案作成した。これらの河床ラインから、既存計画案と同様の勾配で機械的に法面を立ち上げたＶＲを作成する一方、建設コンサ

＊8　国土交通省河川局、川内川水系河川整備基本方針、2007
＊9　国土交通省九州地方整備局、川内川水系河川整備計画［国管理区間］、2009

ルタントにおいて水理解析を行なった。その結果、曽木の滝公園からの法面の見え方がいちばん小さく、空間的なメリハリもあり、かつ、水理的にも安定的に水が流せる案が、今後の検討のベースとなった。その後、図上検討、３ＤＣＡＤ、ＶＲ、水理解析をやり取りすることによって、主に平面線形と縦断勾配に関して議論を行ない、四案ほど検討をブラッシュアップさせていった。

自然な形状を実現するために、大きく変更したのは分水路の縦断勾配（水が流れる方向の勾配。急になればなるほど、水は速く細く流れる）であった。上述した仮の河床幅最低20ｍで４００㎥／ｓを流す自然な形状を実現するために変更すべき条件が、分水路の縦断勾配だったのである。既存計画案では河床幅60ｍに対して、上流側の計画高水敷高の縦断勾配に近い約１４００分の１の勾配で流すこととしていたが、河床幅20ｍと狭めた場合に４００㎥／ｓを流すことが可能となる勾配を求めたところ、約１２０分の１となったため、その勾配を採用した。

なお、ここで特に強調しておきたいのは、既存計画案から激特計画案に変更するにあたって、３ＤＣＡＤによる土工量算出が有力な後押しになったということである。地形に素直な線形に変更したため当然なことだが、既存計画案より激特計画案のほうが土工量が少ない。つまり単純計算では、コストダウンにつながる方向だということである。この事実は、行政の説明責任において有効であるだけではなく、景観設計＝コストアップという常識を覆すという点でも重要であった。もちろん、この常識も間違っているわけではない。一度つくられると何十年も使用され続ける土木施設において、耐久性が高く、時間が経っても色褪せず、むしろ味が出てくる材料選びは大切で、大抵の場合、そのような材料は高価となる。しかし一方で、周辺の環境に配慮し、かつ、長く人々に愛され続ける景観をデザインするためには、新しくつくるものを厳選しシンプルにまとめることが重要となる。

私が常々、景観設計＝コストアップという常識をもった行政の方々に伝えているのは、次のことである。事業の後半、いわば仕上げとしてのみ景観設計を捉えているのであれば、それは正しい。何より、いいものをつくるべきだから。しかし、事業の前半から景観という視点を入れて検討するなら、それはコストダウンにつながる。なぜなら、本当に必要なものだけをつくるから。

景として考える

平面線形、縦断勾配に関する方針がおおよそ決定したのち、分水路内部の空間へと検討は移行していった。これまで活用してきた3ＤＣＡＤは、視覚像としての景観検討と水理解析をつなぐデータベースとして有効であったが、その三次元表現であるＶＲでは、奥行き感の表現などが不十分なため、分水路の内部空間や立ち上がりのある三次元空間の検討には不向きであり、模型を作成する必要があった。しかも第二回検討会（２００７年10月31日）から第三回検討会（２００８年３月18日）までの４ヶ月半で設計をまとめなければならず、検討のスピードを落とさないように効率的に模型を作成する必要があった。そこで私たちは、簡易な断面模型（５００分の１）を作成した（写真７）。立体模型を〝早く・簡単につくる〟という目的のため、切り出した断面図を平面図上に立てて並べただけの模型である。中村良夫の定義によると、景観とは「地に足をつけて立つ人間の視点から眺めた土地の姿」である［＊10］。すなわちアイレベルからの眺めだとすれば、これで十分だと考えたのである。

＊10　篠原修編、『景観用語辞典』、彰国社、２００７

模型全景

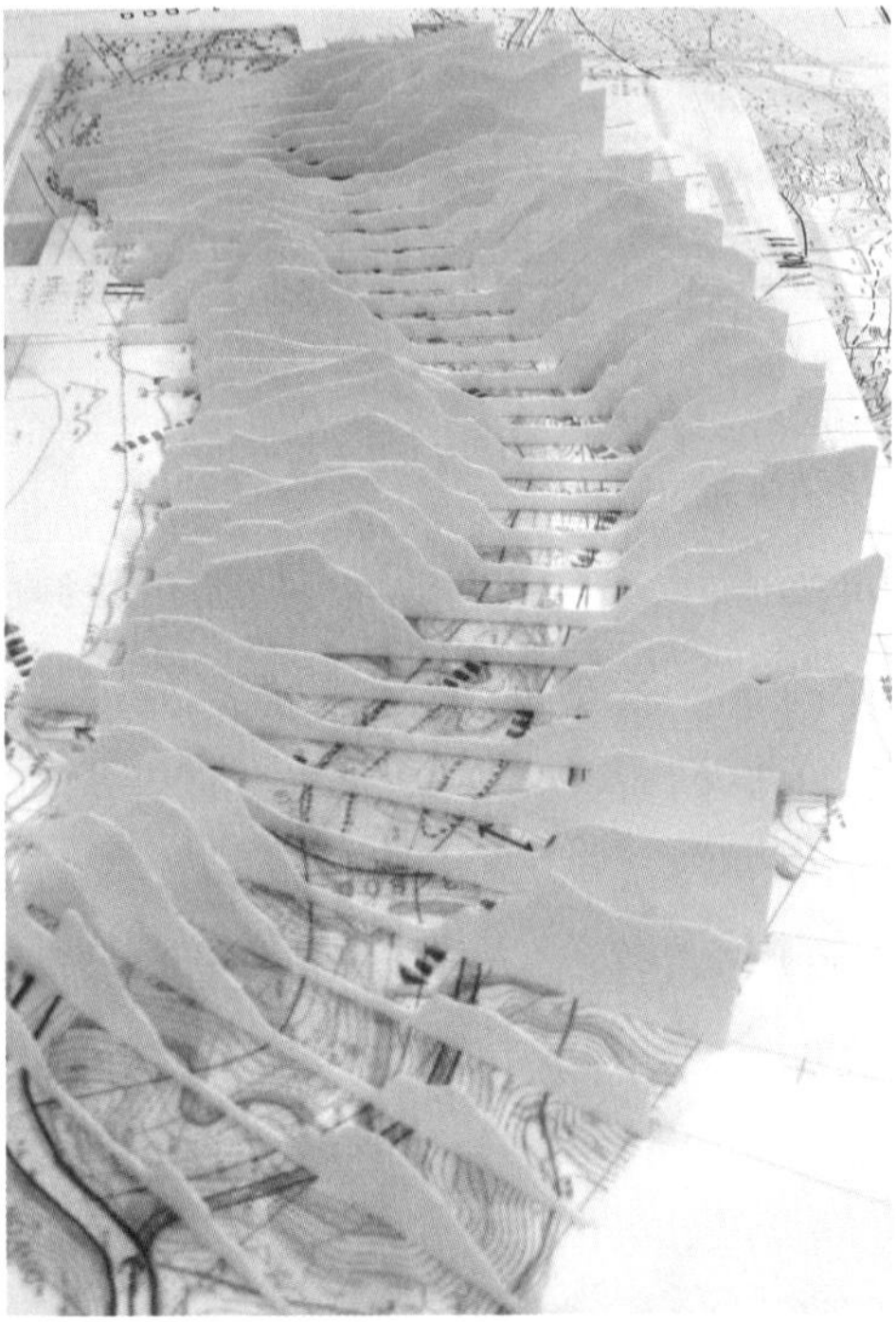

分水路吐口

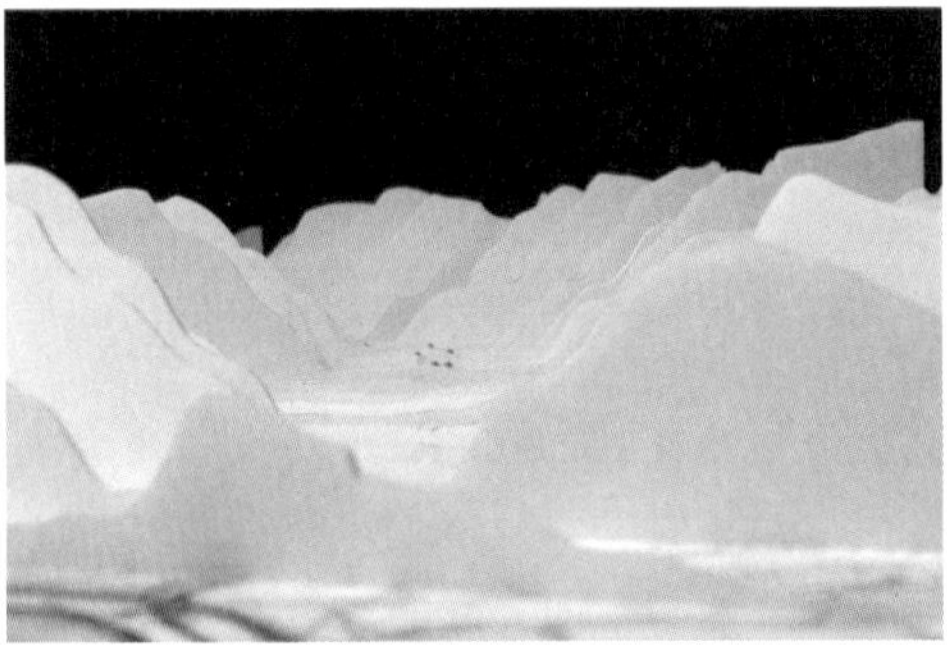

分水路呑口

写真7　断面模型（500分の1）

この模型を上から見れば、板が並んだだけで平面図と変わらないが、覗き込めば、断面形を表わす板が重なって、分水路がつくる景観を十分に表現したものとなる。加えてこの模型は、技術者との協働という点においても、私の予想以上の効果をもたらした。なぜなら、水理解析的な視点から見れば、河川とはまさに、断面図の連なりとして見られているからである。この簡易な断面模型は、アイレベルからの眺めという景観の本質を表現していると同時に、水理解析的な河川を立体として現出させたものとしても機能したのである。

景観検討でつくられる一般的な模型は、極端にいえば〝キレイ〟すぎる。行政やコンサルタントのエンジニアにとって、その模型はある意味完成形であり、自らの思考とは別の、操作不可能なものとして捉えられることが多い。彼らとの打ち合わせでよくあるのは、検討用につくったラフな模型でも、決して近くで見たり、触れようとしたりせず、遠巻きに眺めるだけ、なんて風景である。しかし、この簡易な断面模型は、河川工学者も、景観の専門家も、同じように読み取り、操作することができる。これは、両者の円滑なコミュニケーションがいつもより必要となった今回のプロジェクトでは、重要なことであった。

その後、さまざまな調整を加えて設計を進めていったが、水理と景観の両立という点で、最も重要だったのは射流というものの解釈であった。菅の中を流れるのではなく、川や水路のように上面がオープンになっている流れのことを開水路というが、この開水路での水の流れは、波の速度よりも遅く流れる常流と、速く流れる射流に分類される。イメージとしては、川に石を投げて、波紋が生まれれば、ゆっくり流れている常流で、波紋が生まれないくらい速く流れていれば射流である。この射流は、速度が落ちるときに水位を急激に増大させる跳水という現象を起こしてしまう。そのため、射流が発生しないように設計するのが通常の水理解析である。しかし、私たち、特にデザインチームは、分水路空間にメリハリをもたせようとしていたため、狭小区間において射流が発生し、跳水現象が起こる可能性があるという水理解析結果が確認されてしまったのである。

この課題においても、水理と景観の視点を融合させた模型が有効であった。その課題を解決するための打ち合わせでは、射流抑制に関して、コンサルタントより狭小区間において6mの拡幅を行なう提案がなされた。模型が簡易であることの最大の利点は、すぐに修正できることである。そこで実際に断面模型を打ち合わせの場で削りながら、拡幅後どのように見えるか検討を行なった（写真8）。写真8で、模型に触れているのが国交省の職員であり、資料を持って指示しているのがコンサルタントの技術者である。模型を遠まきにしか見てくれないことに慣れていた私にとって、この光景は衝撃的であった。

このとき、行政の担当者から、「狭小部分を削ると、せっかくの分水路内の空間のメリハリが薄れてしまう」という意見が出された。私は内心、よっしゃ！　と思った。これは、行政から自然に出された〝景観的〟な意見であるが、こんなことはほとんどない。先に述べた断面模型が、まさに水理と景観を両立し、操作可能なものとして検討させるツールとして機能していたことの証左であると思う。そこで再度、不等流計算に基づき検討したところ、空間的分節に最も影響のある断面を拡幅すると、分水路の入口の部分で射流を発生させてしまい、より大きな問題となること、狭小区間の断面の拡幅を行なわない場合の射流区間は限定的（20m）であり、周辺に民家もないことから許容可能として、最終的な河床ラインを決定することができた。

以上の検討を通じてまとめられた、あたかも自然の渓谷のような最終案は、断面模型に粘土を詰めた立体模型として第三回検討会に提示され、委員からの多くの賛同のもと決定された（写真9）。

写真8　断面模型を用いた打ち合わせの様子

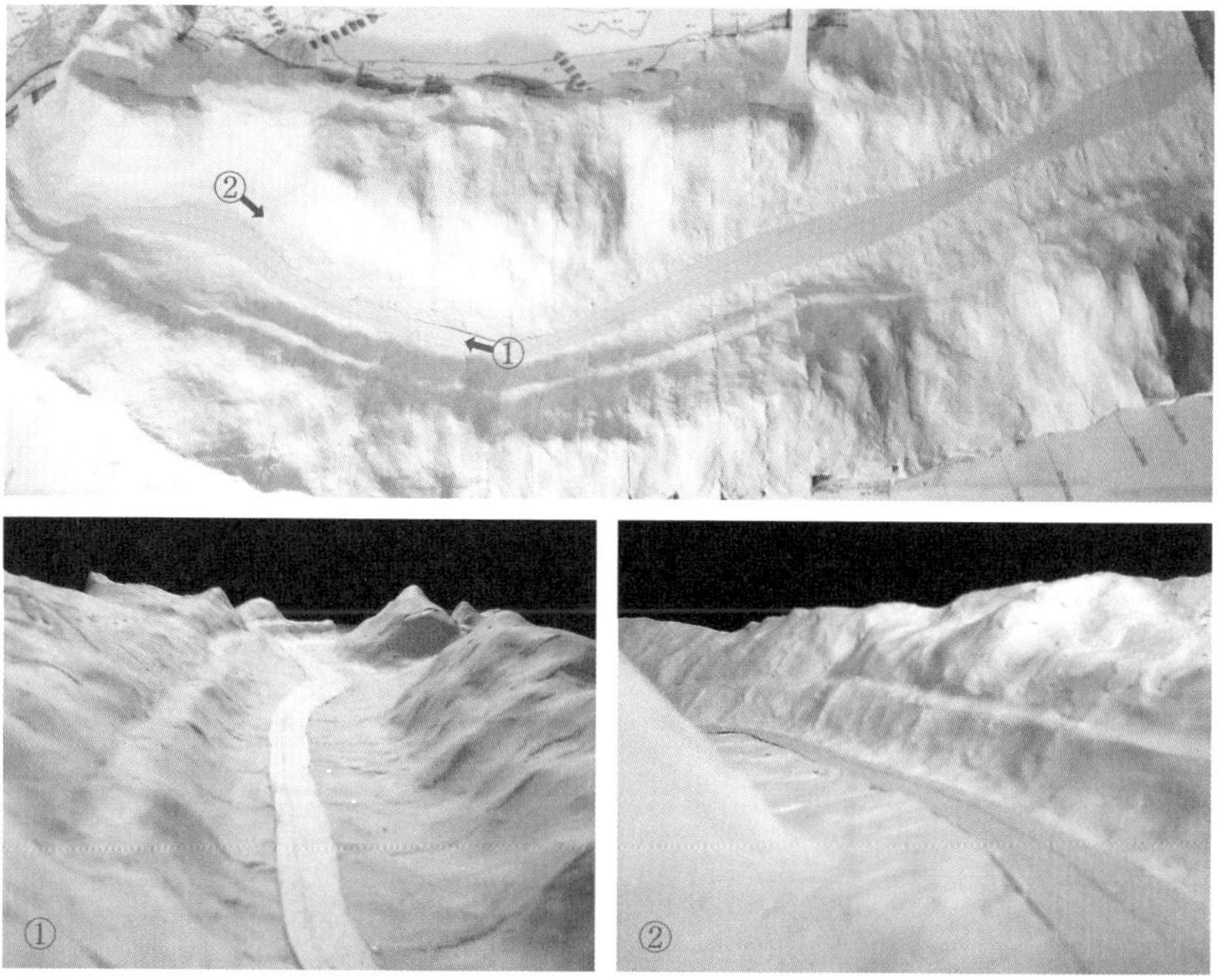

写真9　断面模型に粘土を詰めてつくった設計の最終案

見試しとしての施工

仮に自然の渓谷のような分水路を設計できたとしても、それを実際に施工することはさらに難しい。設計時から課題として引き継がれた法面の安定化や岩掘削の仕上げ方などを中心に、施工時には、つくりながら考えることが必要となった。施工は、ほぼ中間地点から上下流の2工区に分かれ、仕上げ面まで5m程度残した一次掘削、河床まで数m残して法面を仕上げる二次掘削、すべての仕上げを行なう三次掘削の三期に分かれて工事が行なわれた。ほぼ同地点から撮影した写真を載せるので、工事のダイナミックさを実感していただきたい（写真10）。

試し掘りの様相が強い一次掘削においては、設計時に検討したことを再確認すること、一次掘削で得たさまざまなデータ（実際の地質の状況やさまざまな仕上げによって変わる岩盤の表情など）を以降の掘削や最終仕上げの参考にすること、つまりは、つくりながら考え続けることを関係者間で共有することが大切だと考えた。そこで私たちは、施工業者に集まってもらい、模型などによって設計の概要を説明する会をもち、先に述べた断面模型に粘土を詰めた粘土模型を施工業者に譲渡した。この模型は、施工業者間による安全確認や施工シミュレーションに活用されたそうである。ここで私たちが強調したのは、一次掘削の結果は最終形状には残らないが、この段階でどれだけの試行錯誤ができるか、今後の検討に有用なデータが取れるかが、非常に大事になってくるということであった。

この事業のような大規模な岩盤掘削は、ダイナマイトで破砕しながら行なうが、岩盤の仕上げ方として、通常どおりまっすぐと仕上げる場合やダイナマイトの発破で壊れ残った岩盤をそのまま残す場合など、いくつかの種類を施工してもらい、それらを確認することを通じて、理想的な仕上がりを指示することができた（写真11）。当然、凸凹した自然な仕上がりが良いということになったが、その決定時には、行政の担当者は苦笑しながらうなずいていた。こんなことしたことないけど、やっぱりこっちがいいよねぇ……という意識だったのではないだろうか。なお、ランドスケープの国際会議に参加したとき、知人は私のことを、Dynamite Landscape Architectと紹介していた。ダイナマイトで造形した経験は、この分水路だけなのだが。

施工者の工夫

二次掘削以降は、設計断面として施工を拘束するのではなく、岩盤の状況や岩の摂理に従った発破・掘削を行なうことで、自然な仕上がりを実現していくこととなった。たとえば、左岸を縦断する管理用通路は変化に富んだ幅や勾配を有しているが、岩盤が浅いところは高く、深いところは低くというように、岩盤の状況にできるだけ従った結果なのである。この点において特に感心させられたのは、硬質で角ばった岩や不安定に残った岩については、ワイヤーブラシを固定したバックホーのバケットを使用して、撫ぜるように仕上げてくれたことである（写真12、13）。これは、私たちが指示したことではなく、全くの施工業者の工夫であった。

そして最後の、河床まで仕上げる三次掘削では、動線や利活用のしやすさなどを、人が使う部分についての仕上げ方の詳細を決定する必要があった。そこで私たちは、まず熊本大学内で、今度は200分の1の模型を再度つくり、河床の利活用に対する再検討を行なった。その結果、分水路の空間的な骨格をふま

樹木伐採後
（2008年12月18日）

一次掘削後
（2009年7月7日）

二次掘削後
（2010年3月11日）

完成後
（2012年10月24日）

写真10　施工の流れ

写真11　一次掘削時のさまざまな仕上げ

写真12　ワイヤーブラシをつけたバケット
(国土交通省提供)

写真13　岩の摂理に従った掘削面の仕上げ

えながら、上流部、中流部、下流部に緩やかにゾーニングし、訪れた人が最もアクセスしやすい上流部は多様な年代が遊びやすいように比較的なめらかな河床形状とし、下流に行くにしたがって、徐々にゴツゴツ、凸凹させていき、冒険性を感じることのできるものとした。これは、幼児から中高生まで、さまざまな年代の子どもたちが遊べるような空間を提案したものである。この河床形状の変化にともなって、せせらぎ水路の幅や縦断勾配も広く緩やかに流れるところ、狭く急に流れるところ、分流するところなどさまざまに変化していく。

なお、このせせらぎ水路の水源に関して、本川からポンプアップすることなども検討されたが、最終的には、分水路内に流れ込む農業用水の排水を活用することとした。水量はやや少ないため、利活用という点では課題が残るものの、後述するように分水路内の環境を再生することには大きく貢献している。

以上のイメージを、スケッチとともに200分の1の模型によって表現し、工事現場内で説明することをとおして関係者間のイメージ共有を図った(写真14)。その結果、平面的には2mピッチで行なう発破に関して、それぞれの薬莢設置高を20㎝間隔で細かく変化させ、河床イメージの具現化を図っていただいた。おおむねイメージどおりの仕上がりを得ることができたと思う。この分水路は、デザイナーが考えたものを施工者がつくるというよりは、ともに考え、ともにつくったといえよう。

2008年9月の着工から、2011年3月の竣工まで、二度の景観検討会を含めて合計16回、私は現地に伺っている。竣工後、施行業者に尋ねたところ、施工中は私が来ることが嫌だったらしい。彼らからみれば、私はいつもニコニコ笑いながら、難しいことを言って帰るから。しかし先に述べたように、この分水路では、つくりながら考えることがとても重要であった。つまり、施工者の知恵が必要だったのであり、それを彼らに任すのではなく、ともに考えたいという私なりの思いがあったのである。だが、このこ

写真14　粘土模型を使った現場での打ち合わせの様子

とは曽木の滝分水路に限ることではないと思う。自然と格闘し、大地そのものを造形する土木において、二次元の図面で表現できることには限界もあり、施工中にさまざまな課題や設計通りにはできないことが発生する。建築にくらべ、土木では施工時のデザイン監理の意識が少ないのが現状だが、土木のデザインをやり遂げるためには、施工段階において、いかにデザイナーと施工者が協働できるかが、空間の質を大きく左右することになる。

以上のプロセスを通じて、曽木の滝分水路は２０１１年３月に完成した（写真15）。幸運にも、２０１２年にはグッドデザイン・サステナブルデザイン賞を、２０１３年には虎居地区の整備と共同で、土木学会デザイン賞優秀賞、２０１４年には「かごしま・人・まち・デザイン賞」の都市デザイン部門優秀賞をいただくことができた。

同時多発であること

ここで、この分水路が激特事業の一環であったことの効果について付言しておきたい。本整備の岩掘削量は16万㎥にも

写真15　完成した曽木の滝分水路
(2011年11月6日)

写真16　分派する曽木の滝分水路
(2011年6月16日、国土交通省提供)

のぼる。これらをすべて廃棄するには莫大な経費が必要となるだけでなく、資源の損失でもあるだろう。しかし、この点においては激特事業の同時多発的な特徴が大きく貢献した。もう一つの重点地区である虎居地区では、分水路掘削と河川拡幅によって大規模な護岸工事が必要であったが、曽木の滝分水路で発生した岩を再利用することによって、石材の廃棄費と購入費をともに削減しつつ、すべての護岸を石積みで施工することが可能となった。この景観検討会の副委員長でもあり、虎居地区の計画を指導した、島谷幸宏教授（九州大学）によれば、この取り組みが始まったとき、激特事業で景観なんか無理だよと周りのみんなに言われたらしいが、終わってみれば、激特事業だからできたんだよと言われるようになったらしい。本当のチャレンジとは、いつもそういうものなのかもしれない。

分水路の効果

分水路の竣工後、すでにさまざまな効果を発揮している。治水面、利活用面、環境面の三つの側面から紹介していこう。

まず整備本来の目的である治水面に関しては、激特事業竣工直後の２０１１年には、川内川流域の一部で２００６年と同規模の洪水が発生したが、激特事業の効果が発揮され、外水による氾濫被害はほぼ食い止めることができた［＊11］（写真16）。たとえば、２０１１年6月16日の洪水時には、曽木の滝分水路上流の森山橋付近において、２００６年と比較して最大50㎝の水位低下効果が確認されている。近年でも、

＊11　国土交通省九州地方整備局川内川河川事務所、川内川激特事業記録誌、２０１３

写真17　曽木はっけんウォーク（2012年7月22日）

２０２１年７月には、前年に球磨川流域に大水害をもたらした令和２年７月豪雨と同程度の豪雨に襲われ、曽木の滝の展望所などが破壊されたが、分水路の効果もあって、一部の支川を除いて洪水の被害は発生しなかった。

次に利活用面に関していえば、この整備においては治水上の効果を出すだけではなく、観光や行楽など、地域の暮らしの中にしっかり組み込まれてこそ、この場所が価値あるものになると考えていた。そこで施工の最終年度である２０１０年より、小林教授の主導のもと、伊佐市との勉強会を始め、２０１１年３月１日には、曽木の滝周辺活性化検討会を立ち上げた。地元住民や観光協会、ＮＰＯ、行政などが参加し、曽木の滝や分水路だけではなく、明治に建設された発電所の遺構や近年の小水力発電所、歴史的由緒など、周辺に存在するさまざまな資源を連携させ、総合的に地域振興に活かすことを目指したものである。

その具体的な成果として、「曽木はっけんウォーク」というイベントがある。これは、上述した資源を巡るもので、２０１１年12月11日、２０１２年７月22日、２０１４年10月５日の三度開かれた（写真17）。このイベントをとおして、周辺の資源を発掘・共有できたのみならず、分水路そのものにとっても、人がその空間に存在することによって、分水路の大きさや迫力をより強く感じることができ、新しい風景を体感することができた。その後は、観光ボランティアガイドのグループ「伊佐の風」の設立を促したり、日本大学の永村景子講師と大口高校の「曽木の滝もみじ祭り」を舞台とした活動[*12]などに波及し、現在は、曽木地区周辺整備検討会を中心としたかわまちづくり事業へと展開している。たとえば、2021年には、防護柵もなく砂利敷きだった管理用通路を安全に通行できるように、簡易な柵と自然な素材感をもつコンクリート舗装が整備され、今後の積極的活用への準備は着々と行なわれている。分水路本体の利活用という点では、2014年以降ウォーキングイベントも開催されておらず、十分な展開をみせていないが、曽木の滝周辺全体としてみれば、分水路整備をきっかけにさまざまな活動が展開していることは評価できるのではないだろうか。

一方、人間の利活用とは反対に、自然環境は分水路内で豊かに再生している。その実態については、鮫島らの研究に詳しい[*13]。その研究は、分水路完成後わずか1年数ヶ月後の2012年8月現在のデータに基づいたものだが、「短期間にもかかわらず、曾木分水路の状況は、ある程度の自然の回復がみられ、環境に配慮した事業として良い評価を得られそうな兆しがみられた。今後、詳細なモニタリング調査と順応的管理により、生物多様性に富んださらにレベルの高い生態系の再生が可能である」と評価し、出水時の本川からの越流水、上流部の水田排水（せせらぎ水路）、および下流部の山林からの清流、これらの水の流入が、生態系の回復に大きく貢献していると述べられている。

また、国交省において行なわれている河川環境影響調査は、工事前調査（2007～2008年度）、工事

---

*12　大森真央・永村景子、大規模災害復旧事業を契機としたコミュニティデザインに関する一考察、日本大学生産工学部第51回学術講演会講演概要、pp.872-875、2018

*13　鮫島正道・宅間友則・今吉努・徳永修二・下沖洋人・東郷純一・豊國法文・角成生、川内川曾木分水路の自然再生の現状―河道掘削竣工後のエコシステムの回復―、Nature of Kagoshima、Vol.40、2014

中・後のモニタリング調査（２００９〜２０１４年度）、および２０１８年度、２０１９年度に実施されている。最新の２０１９年度の結果の概要を紹介すると、すべての項目において多くの指標種が継続して確認されており、特に植物に関しては、希少種であるミミカキグサ（群生を確認）やクロホシクサ（２００７年度ぶりに確認）などの湿性植物が確認されたこと、魚類に関しては、稚魚の生育場として分水路が機能していること、などが高く評価されている。また学識者のアドバイザーによると、植生の遷移が進んでカヤネズミが確認されるようになったことは自然環境が良好になってきたことの証拠であると指摘されている。私も、完成後も度々分水路を訪れているが、変化し続ける自然の様相には驚くばかりである（写真18）。

激特事業後の改修

さて、実は曽木の滝分水路は、２０１１年3月の竣工で終わったわけではなかった。激特事業とともに開始された、下流の鶴田ダムの再開発事業の進捗（竣工は２０１８年度、治水効果発現は２０１６年度より）にともない、分水路を激特計画分派量（２００㎥／ｓ）から整備計画分派量（４００㎥／ｓ）へ拡大させる必要があった。この改修は、前述したように当初から予定されていたため、激特整備時から分水路内は計画河道として、４００㎥／ｓの流量を確保し、入口にあたる呑口部を堰上げすることで流入する水の量を抑制していたので、呑口部の改修のみで対応可能であった。

この改修における景観検討は、既存の分水路内の良好な景観との連続性の確保や多様な動植物の生息・生育環境の創出を目指し、激特事業時に作成された「曽木の滝分水路事業 景観カルテ」の景観形成の考え方を踏襲することとした。一方、分水路本体を整備した激特事業時には、観光地に隣接していることか

写真18　曽木の滝分水路の環境の
変化（2019年9月24日）

ら、検討会においては主に景観的な観点から議論を行なったが、前述したように、分水路内では豊かな環境が再生しつつあった。そこで、この改修時には、私たちに加えて、動植物を専門とする学識者にも設計段階から参画していただき、分水路内と連続した呑口部の多様な環境の創出に向けて、具体的で戦略的なアドバイスを環境面からもいただくことになった。

ここで「景観カルテ」について紹介すると、これは、ちょうど水害があった年の2006年度より開始された取り組みで、国土交通省九州地方整備局独自の「景観形成管理システム」の中で景観の改変をともなう直轄事業の初期から完成、維持・管理に至るまで、一貫した景観形成の考え方で事業を推進することを目的に作成・更新が義務づけられたものである。「景観カルテ」は、施設の完成後も維持管理や改修など終わりのない事業である社会基盤整備に対する、景観形成の引き継ぎ資料である。

九州地方整備局で行なわれている「景観カルテ」の取り組みは、個々の施設整備に効果があるだけではな

写真19　改修後の呑口部（写真左が川内川、右が分水路）

く、このような継続的な整備においても大きな効果を発揮する。また、このように景観に関する取り組みをストックしていく姿勢は、同じ地方整備局内の他の事業に対しても有益である。たとえば、2020年に土木学会デザイン賞最優秀賞を受賞した「山国川床上浸水対策特別緊急事業」（大分県）は、川内川と同様、2012年の水害からの復旧事業であり、堤防整備から河床掘削、石橋（馬溪橋）の保全などを含めた総合的な取り組みである。その中でも、岩盤の自然な摂理を活かした河床掘削に関しては、曽木の滝分水路の経験が大きく寄与したと聞いている。

呑口部の改修に関する詳細な説明は避けるが、「景観カルテ」に基づき、あたかも自然が創り出したかのような景観・空間とするため、川内川の河床地形および岩盤を活かし、掘削によって露頭した岩盤はできるだけそのまま活かして、本川と分水路が一体となった空間を創出することができた（写真19）。この改修では、「景観カルテ」の効果によって、本体整備時の思想を発展的に継承することができたと考える。その思想とは、コンセプトのような言葉だけではなく、設計や施工時のその時々の状況に柔軟に対応しながらコンセプトを実現するという姿勢を含めたものである。また、新たな体制を構築することで、本体整備時には不十分であった環境への配慮を徹底することができたことは大きな進展であった。

三つの協働

曽木の滝分水路は、あるデザイナーの天才的な発想でつくられたわけではなく、さまざまな議論や協働によって、少しずつ形を現わしていったものである。この取り組みを三つの協働に分けて整理してみたい。

◎市民との協働

市民との協働は、主に「曽木の滝分水路景観検討会」および激特事業完了後のまちづくり活動において行なわれた。この協働において留意した点は、激特事業という治水整備を日常的な地域の課題や活動と結びつけることであった。そのため検討会では、分水路自体は小さくしか表現されない1000分の1の周辺模型などを作成した。その結果として特に重要だったことは、「分水路に常時水が流れていることが、日々の安心感につながる」という意見を引き出し、水田排水を利用したせせらぎ水路を分水路内に実現できたことだと考えている。

災害という非日常なイベントに対して、それをその時だけの特別なものとして考えるのではなく、日常的な時間との連続として考えることは、防災という点でとても重要なことである。こうした発想が、市民から出たということがとても嬉しかったと同時に、市民的な感覚としてはむしろ当然のことだったとも思う。さらに、整備の効果でも示したように、この水路は分水路内の環境再生にも大きな働きをしており、人々にとっての日常的な安心感を醸成するための装置が、生物にとっても豊かな環境を形成したと考えることができる。一方、整備後の活用について、分水路そのものに関しては2014年以降はイベント等が開催されていないが、大口高校による曽木の滝もみじ祭りの活性化など、地域に大きく広がっていることも、治水整備を地域と結びつけて検討した結果だと評価できると思う。

◎技術者との協働

設計の段階の協働であり、行政およびコンサルタント、デザイナーで行なわれる。曽木の滝分水路事業においては、縦断勾配の設定など、分水路の構造そのものに踏み込んで景観デザインを行なえたことが重要であった。この脱お化粧デザイン的な発想は、橋梁等の構造デザインに通じるものだが、それが実現できた背景には、技術者とデザイナーともに設計案を理解し共有できる断面模型の作成の工夫があったと考えている。この断面模型は、デザイナーにとっては設計案を簡易に検討するためのものであったが、水理解析の視点とも合致するものであり、検討の場で直ちにかつ共同で課題を解決することにも役立った。

さまざまな専門性をもつメンバーが協働しなくていけない場合、どのようにチームビルディングをしていくかは重要な問題である。近年、デザイン思考という概念とともに、経営やビジネスなどにおいてもデザインという発想の重要性が指摘されている。デザイナーの職能の範疇には、そのようなチームをマネジメントしていくことも含まれるとすれば、模型のつくり方一つにも、デザイン的な発想が必要なのだろう。

また、激特事業の4年後に行なわれた呑口部の再整備についていえば、激特事業の思想が継承されて行なわれたことも重要である。この継承に大きく寄与したのが、九州地方整備局で実施されている「景観カルテ」の取り組みである。土木施設は整備で終わるのではなく、その後の維持管理や改修、再整備と終わりない取り組みの連続である。第1章において、「リノベーションとしての土木」という点について論じたが、一度つくられた土木は、それはまた後にリノベートされるべき環境となる。そのリノベーションの質を高めるためにも、整備当初の思想や工夫を記録する「景観カルテ」は、整備後にこそ、その真価を発揮するということができるかもしれない。

◎施工者との協働

最後に、施工段階における施工者との協働である。

デザインは実空間に実現されてこそ意味がある。そのため、この段階が最も重要であるといえるし、曽木の滝分水路の経験において、最も印象深かったものでもある。土木事業では、施工時のデザイン監理が一般化しているとはいえない。しかし、地形そのものをつくり直すような土木事業においては、設計時に検討し尽くすことが難しいことも多く、設計者が施工時に関わり続けることは、実現される空間の質を高めるうえで重要である。分水路整備においては、私たちデザインチームは、できるだけ頻繁に現場を訪れること、進捗に合わせた検討を行ない、検討結果を共有しやすい形（粘土模型など）で提示することを心がけた。その結果、ワイヤーブラシによって撫ぜるように岩盤を仕上げるなど、施工者の工夫を最大限引き出すことができたと考えている。そのような協働が類を見ない空間を実現したのである。コンサルタントなどの設計者は単年度契約となるが、学識者や市民を交えた検討会や委員会は、年度を超えた活動が可能のため、デザイン監理という点でも有効に機能するのではないだろうか。

最後に、三つの協働をデザインの役割という観点から考察すると、空間の形状や材質を決定するという狭義のデザイン以上の役割が存在したと考えられる。それは、コミュニケーションを活性化し、多様な主体の意見や工夫を引き出す役割である。市民との協働では、せせらぎ水路の意義やその後の活動が、技術者との協働では、分水路の構造的な条件に遡った検討が、施工者との協働では、自然な仕上げを実現するためのさまざまな工夫が引き出され、それらが積み重なることで現在の分水路を実現することができた。それらの媒介となっているものは、さまざまな模型のつくり方などに如実に現われた、検討の仕方そのもののデザイン、コミュニケーションのデザインである。多様な主体との合意形成を、長期間にわたって実現していく社会基盤整備において、景観や空間だけではなく、その整備に関わる主体間のコミュニケーションのあり方も同時に、デザインしていくことが肝要である。

土木-デザインとしての分水路

繰り返しになるが、当事業においては、市民、技術者、施工者の三者との協働が、自然の渓谷のようなダイナミックな分水路を現出させたのだが、その景観的な現われにおいても最も貢献したのは、市民や技術者、デザイナーの意図をふまえた施工者の丁寧な仕事であった。では一体、曽木の滝分水路で実現されたもの、特に施工者が行なったことは何だったのだろうか。

おそらく、施工者はその丁寧な仕事によって、自然/大地そのものの本質を顕わにさせたのではないかと考えている。曽木の滝周辺の岩盤は、第四紀更新世（約33万年前）の加久藤火砕流堆積物によって構成されている。分水路の施工にあたっては自然な仕上げとするために、設計断面として施工を拘束するのではなく、岩の摂理に沿った発破・掘削を行なうこととした。これは、最終的な形状の決定を約33万年前の火山の噴火に従わせたといえるし、埋没していた自然／大地の本質を、施工者の主体的な工夫に基づいて、撫ぜるように磨くように、顕わにさせていったともいうこともできないだろうか。

また、自然／大地の本質を顕わにさせるという点では、分水路中にせせらぎ水路を実現できたことも大きかったと思う。実現のきっかけは、日常的な水の流れが日々の安心感を育むという市民の意見であった。このせせらぎ水路は、洪水を分派させ災害を軽減させる分水路の機能を、日常的に触れることができる〈しるし〉として認知されるものであると同時に、分水路内の自然を回復させる重要な要因であった。第1章において、デザインを〈しるしを引き出す〉ことと捉えたが、このせせらぎ水路は人間にとっての安心感の〈しるし〉というだけではなく、新しい自然を引き出す〈しるし〉でもあった。多様で活動的である自然の本質を顕わにするという点にも、土木事業により破壊される環境の復元・再生の重要性がある。その事業で整備される空間は、新しく萌え出る自然の母胎ともならないといけないのである。

この事業の発端となった豪雨は、川内川流域の年総雨量の40％、全国平均の年総雨量の70％を5日間で降らせるという記録的なものであった。豪雨のみならず大地震などの災害とも共生しなければならない私たちにとって、自然の本質を顕わにさせつつ、自然に対する感性を育むこと、すなわち「自然と人間をつなぐインターフェース」をデザインすることは、土木‐デザインの本質的な課題とすべきことだし、十分に実現できることだと、曽木の滝分水路の経験は教えてくれる。

第3章

都市の緑——白川・緑の区間

熊本の白川

熊本市の中心部を流れる白川《しらかわ》の流域（集水域）は、オタマジャクシとも言われる独特な形状をしている（図1）。第1章で紹介した、カルデラ湖の縁（外輪山）を破り、有明海へ排水したという健磐龍命の伝説は、白川の特徴を正確に表わしている。流域面積の80％を占めるオタマジャクシのアタマの部分は阿蘇カルデラであり、阿蘇に降った雨を一手に引き受けつつ、熊本市へ流れ込み、その後、低平地の広がる穀倉地帯を経て、干満の差が日本一大きい有明海へと注ぎ込む。いわば白川は、阿蘇の排水溝とも言えるのだが、阿蘇地方は全国的にも有数の多雨地帯であり、年間降雨量（3000㎜以上）は全国の年間降雨量平均の2倍近いものになる。また、阿蘇地方の地表は「ヨナ」と呼ばれる火山灰混じりの砂で覆われている。洪水時にはその「ヨナ」が一気に流下して被害を拡大するとともに、洪水後の市民の後片付け等にも大きな影響を与える。上流域の地形は比較的緩やかだが、中流域は急流で水の流れが速く、熊本市街部の下流部や

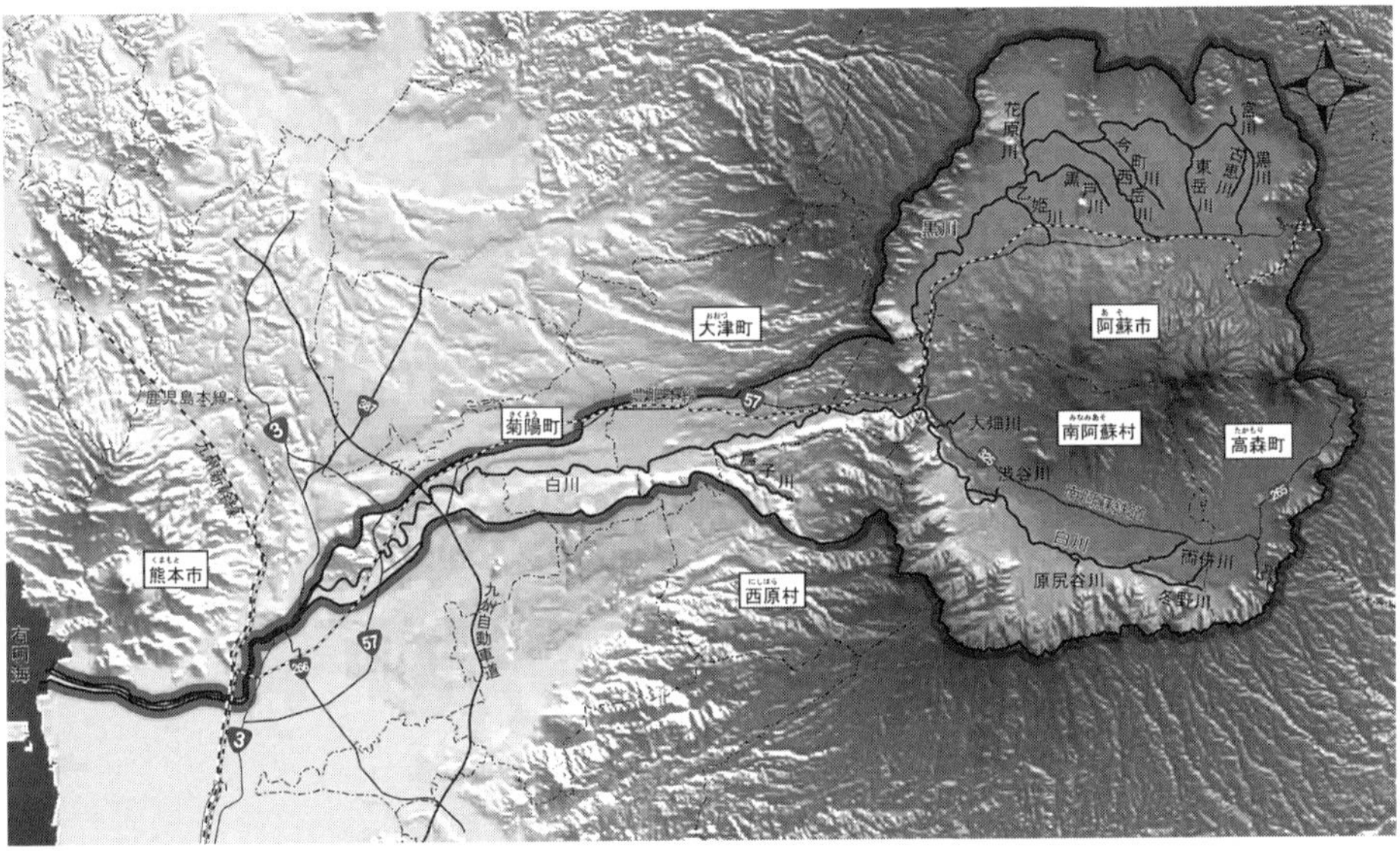

図1　白川水系流域図。オタマジャクシの形をした流域の形がよくわかる（国土交通省提供）

低平地の広がる河口部は緩やかな地形となっているため、川の水がスムーズに海へ流れ出にくく、洪水を引き起こしやすい川といえるだろう。

歴史上、この白川に初めて大きく手を入れたのは、加藤清正である。1588（天正16）年に佐々成政に代わって肥後北半国の領主として熊本に入った清正は、現在の熊本市の中心部で大きく蛇行していた白川を直線化させ、熊本城となる京町台地沿いを流れていた坪井川との合流を防止し、白川を城の外堀、坪井川を内堀とする城下町を整備し、白川の全域にわたって複数の取水堰を設け、肥沃な土地を拓いていった。それらの整備においては、優れた発想と技術が使われていて、今も私たちの暮らしを支えている。なお、熊本地震後に再建された天守閣では充実した展示を見ることができるので、ぜひご覧いただきたい。

たとえば、彼がつくった取水施設の一つ「鼻ぐり井手」は、トンネル状の導水路だが、普通のトンネルではヨナが堆積してしまう。そのため、およそ2mおきに流れる水を遮る壁を残し、水を通す穴を左右交互に設けることで、壁に囲まれたそれぞれの部屋のようなスペースの中で水が渦巻き、ヨナを堆積させることなく流れていくように工夫されている。大熊は、「究極の治水体系は400年前にある」と述べている[＊1]が、熊本に住む者としては、全く大袈裟な表現ではないというのが実感である。「土木の神様」とも称される加藤清正が活躍した熊本で暮らせていることは、私にとってちょっとした誇りである。

一方、白川の水害で最も大きなものは、戦後すぐの1953（昭和28）年6月26日に熊本を襲った昭和28年西日本水害だが、白川流域で死者・行方不明者422名（全国では1001名）、白川に架かる橋梁を14橋も流出する大きな被害を出した。私が勤める熊本大学工学部は、白川が熊本市の中心部に差しかかる直

＊1　大熊孝、『洪水と水害をとらえなおす──自然観の転換と川との共生』、農文協、2020

前の沿川に位置しているのだが、私が赴任して間もない頃、すでに退職していた河川工学の下津昌司名誉教授から、その水害のとき、犠牲になり亡くなった方々を火葬する場所が足りなくなって、熊本大学で荼毘に付したという話も伺った。

この章で詳しく紹介する熊本中心市街地に位置する明午橋《めいごばし》から大甲橋《たいこうばし》の約６００ｍの区間は、白川の中でも最も流下能力が低い天井川となっており、私たちが関わりはじめる以前の２０００年の７・２水害においては右岸側で越堤しているなど、市街部の中でも特に川幅が狭く、氾濫の危険が高い場所であり、いったん洪水が起これば中心街が水没する大きな危険性をはらんでいた。

森の都

一方、英語教師として熊本大学の前身にあたる五高に赴任した夏目漱石（１８６７～１９１６年）は、熊本駅から五高に向かう途中、緑の豊かさに驚いて、熊本を「森の都」と称賛した。そのため、「森の都くまもと」が熊本市にとって重要なアイデンティティとなっているのである。ちなみに、仙台も同じ読み方で「杜の都」といい、残念ながら熊本より仙台のほうが有名だが、この「杜」は人工林を指し、熊本の「森」は自然な緑を表わしている。

白川で唯一、市電が走る橋梁として、市街地の中心的な橋である大甲橋から上流を臨む景観は、川沿いの豊かな樹木群、石積みの護岸、遠景の立田山、そして、それらすべてを映す水面からなり、「森の都くまもと」を象徴する代表景として市民に親しまれてきた。この景観が由来となって「緑の区間」という通称が生まれている（写真１）。

写真1　整備前の緑の区間（2006年撮影）

この区間の右岸緑地は鶴田公園と呼ばれているが、この名称はある民間人の名前に由来している。日本の多くの都市と同じように、熊本市も第二次世界大戦の空襲によって荒廃していた。そしてさらに終戦のわずか8年後には先に紹介した大水害に襲われている。この「緑の区間」の土地は戦災後の土地区画整理事業によって発生した堤防用地であったが、荒廃した町に勇気や憩いを与えようと、当時、周辺の自治会長をしていた鶴田絲平氏が、市民の協力のもと、荒れ地となっていた堤防用地の整地や植樹に取り組み、1963年に熊本市がベンチ等を設置し鶴田公園を完成させたのである。そしてその後も桜などの植樹は続き、200本を超える桜によって、「花のトンネル」とも称される、熊本市内の一つの桜の名所となっていった。

こうした経緯もあり、この河畔の緑は熊本市民にとって、大切にしたいものであった。これから紹介する緑の区間の整備においては、河川改修によって治水安全度は高めながらも、景観の印象をほぼ変えずに保全するということが、最も重要なテーマとなったのである。

河川法の歴史

まずは、白川・緑の区間整備に関して、私たちが関わりはじめる前から振り返ってみたい。2003年からこの事業に関わりはじめたが、そのときからおよそ20年前の1986年には大規模な改修計画が発表されていた。計画はすべての木々を伐採し、左岸側に大きく拡幅し、両岸に巨大な堤防を建設するものとなっていた。そのため、この区間の豊かな緑を「森の都くまもと」の代表景として愛してきた市民に対して、「防災か？　景観か？」という二者択一を迫るものとなり、市民は猛烈な反対運動を起こすこととなった。その後、行政と市民によるさまざまな合意形成への努力が続けられたが、大きな転機になったのは、１９９７年の河川法の改正であった。そこでこの法改正の意義を確認するため、河川法の歴史を簡単に振り返っておきたい。

１８６８年の明治維新をもって、日本は近世の幕藩体制から近代国家としての道を歩みはじめたわけだが、河川管理の方法が劇的に変化したわけではなかった。近世では、河川は地域住民や共同体によって管理されることが基本であり、そのような状況は明治維新以降も続いていた。しかし水害が相次ぎ、その対策を施すことが明治政府にとっての急務となった。大河川の流域全体を見通して統一した治水工事を行なうためには、大規模な予算や近代的土木技術が必要となる。こうしたなかで１８９６年に最初の河川法が成立する。つまり、河川法の当初の目的は水害を防ぐ治水だったのである。その後、戦後には、河川に対するさまざまな要求（上水、農業・工業用水、水力発電など）を総合的に管理するため、１９６４年に新河川法が制定された。ここに、治水に含めて利水も法の目的に位置づけられることになった[＊2]。

しかし、１９６０年代における高度経済成長以後の公害問題などを背景として、河川環境に対する配慮への要望は高まっていき、前章で紹介した「多自然川づくり」の活動などを経て、１９９７年に河川法が再度改正された。ここに、環境が河川法の目的として追加されるに至ったのであり、これは画期的なことであった。

また、この改正においてさらに重要なことは、整備計画の立案方法にある。改正以前は、河川整備に関する計画は「工事実施基本計画」のみであったが、改正以降は、長期的整備を定める「河川整備基本方

＊2　北原糸子編、『日本災害史』、吉川弘文館、２００６

針」と20年から30年を目標とする「河川整備計画」の2本立てとなり、後者の計画立案には、必要に応じて住民参加が可能になった［＊3］。

白川・緑の区間の流下能力（基本高水）に関してみれば、整備前が1500㎥／sであったのに対して、白川大水害などの既往洪水を検討した結果、1980年に策定された「工事実施基本計画」と2000年策定の「河川整備基本方針」がともに3000㎥／s、学識経験者や住民が参加した白川流域住民委員会の議論に基づき2002年に策定された「河川整備計画」では2000㎥／sとなっている。つまり、市民から大きな反対にあった1986年の改修計画は、流下能力を一気に倍にしようという大規模なものであり、河川法の目的にもなっていなかった環境の保全は、到底不可能な計画だったのである。

なお、昭和28年西日本水害からの復旧にあたって、白川の基本高水決定のための議論が、河川行政の中に確立主義を導入する契機となったことは、中村晋一郎の『洪水と確率』の中で詳しく紹介されている［＊4］。河川政策の根幹となる、それぞれの川の流下能力（基本高水）の設定は、自然現象であると同時に、それを人間がどのように受け止めるかどうかという人為的なもの、それぞれの時代の自然観を反映させたものであるということがよく理解できる良書である。

1986年に大論争を巻き起こした改修計画が、河川法の改正後、どのように収束していったかという点についても、付言しておきたい。なぜなら、法律はあくまで道具であって、どのような効果を及ぼすかは、使う人次第だからである。河川法改正から2年後の1999年に「白川流域住民委員会」が発足した。委員会の座長を、熊本在住の直木賞作家、光岡明氏が務めたことに最大の特徴があり、全国109水系の流域住民委員会で唯一民間に属した委員長であった。

熊本河川国道事務所において当時の担当課長であった田上俊博氏によれば、選任の理由は、光岡氏が熊本県民に広く知られていると同時に、1986年の改修計画の大きく反対したグループの中心人物であったため、むしろそのような人物に座長を務めてもらうことが、流域住民との合意形成を含めた整備計画をまとめるうえで大切なことであると考えたためであるらしい。委員の所属は幅広く集め、さらに、この委員会での議論は原則公開され、報道関係者によってその内容が市民に広報されるなど、議論の公平性・透明性を確保することに留意している。また、同会では、流域住民（30万人）に対するアンケート、直接住民の意見を聴取する住民部会（ワークショップ）、住民提案電話窓口「オアシス」の設置の三種の意見収集方法を用いて、白川流域住民の意見を伺う取り組みを行なうなど、合意形成を意識し計画づくりを進めたそうである。

後に述べるように、私が参加してからも、住民との合意形成を重視して、丁寧に事業が進められているが、その思想は、このような先達の判断や努力によって育まれたものである。

アンカーとスターター

第1章でも触れたように、土木事業には非常に長い年月がかかる。1953年の水害後、熊本市の中心部に位置し、水害が生じた場合の影響も非常に大きいこの区間の改修が進まなかった理由はいくつかある。一つは河川改修は下流から行なっていかなければならないという基本的な条件である。それでも、下流の

＊3　篠原修、『河川工学者三代は川をどう見てきたのか―安藝皎一、高橋裕、大熊孝と近代河川行政一五〇年』、農文協、2018

＊4　中村晋一郎、『洪水と確率―基本高水をめぐる技術と社会の近代史』、東京大学出版会、2021

改修が進捗した1980年代には、緑の区間の改修も可能であった。しかし、その当時の河川法では、治水安全度の向上と都市における貴重な環境の保全を両立することはできなかった。環境保全を法の目的の一つとし、計画策定に住民参加を盛り込んだ河川法の改正をもって初めて、白川・緑の区間の事業が可能となったのである。

この整備は、2005年に着工、2015年4月に暫定供用を開始し、2021年末には完成予定であったが、後述するように、未完成の状態でさらなる改修の検討を始めている。1953年の水害からは70年、最初の具体的な計画が出た1986年からも40年近い年月が流れている。私は、2003年よりこの計画を具体化するためのデザイナーとしてプロジェクトに参加しているが、私たちデザイナーが関わっている期間は、プロセスの最後のほんの一部である。総論賛成各論反対ともなりやすい公共事業において、ある事業が成立するためには、地域住民や利用者との合意形成は当然として、行政内や行政間の調整も非常に手間がかかるし、長年住み慣れた土地を手放さなくてはいけない住民との用地買収の協議は、困難をともなうのが普通である。費やされた長い年月の中で、いわゆる土木デザインが行なわれるのは最後の数年にすぎない。

土木事業においては、ある個人が事業のプロセス全体を統括することは、ほぼ不可能である。ただ、戦前はそのような事業も多かった。日本の土木デザインの最高傑作だと思う白水堰堤（大分県竹田市）は、大分県の農業土木技師であった小野安夫氏が計画から施工まで、家族とともに現場付近に暮らしながら関わっていたようである。憧れの仕事であるし、行政職を目指す学生が多い熊本大学の教員としては、学生たちにとってもとても勇気づけられるものだと思う。ただ、現在では難しい。

話を今に戻せば、土木事業をそこに関わる人という点でみると、長いリレーのようなものと考えることができる。土木デザインに関わるデザイナーは、この長いリレーのアンカーであるという自覚をもつ必要がある。そしてアンカーとしての自覚とは、これは決まったことだからと、安直に引き継ぐことでは決してなくて、ここで失敗したら、ここに至った多くの関係者によるすべての苦労が台無しになってしまうかもしれないという意識から、プロセス全体を批判的に引き受け、それらが最終的な形態に受け継がれるという責任をもつということである。

曽木の滝分水路を取り上げた第2章でも述べたように、一般的に言って、土木においては施工時の意匠管理、デザイン監理への意識が低い。戦後から高度経済成長に至る過程の中で、ある一定の品質をもったインフラを大量に提供するためのシステムが構築された。そのシステムの中では、丁寧に施工を管理し、場所ごとに異なる独自性を持ったインフラをつくるという意識が生まれる余地がなかった。第1章で触れた、篠原のいう「文化遺産」という視点である。しかし、時代も変化し、インフラにも多様な質が求められる現代においては、この大量供給システムは課題の多いものとなっている。そこで、デザイナーがアンカーとしての自覚をもつならば、施工時の監理を蔑ろにするという意識は生まれないはずである。

一方、土木施設は一度整備されれば、長期にわたって活用されていかなくてはならない。デザイナーが最も重視すべき視点が利用者に対するものだとすれば、デザイナーは仮想的な最初の利用者にならなければいけないと思う。これは、整備後に始まる利活用という長いリレーのスターターにならなければいけないということだ。時には矛盾するかもしれない、このアンカーであると同時にスターターでもあるという二面性に真摯に向き合うことが、土木のデザイナーが有すべき重要な資質の一つとなるのではないかと私は考えている。

緑の区間の基本方針

以上の経緯をもって、緑の区間の整備は開始された。整備の概要としては、流下能力を整備前の１５００㎥／ｓから２０００㎥／ｓ（30年確率）に向上させることを目的とし、既存の川幅約60ｍを左岸側に15〜20ｍ拡幅し、両岸の緑地（高水敷）の外側に、鋼矢板による特殊堤を構築する。左岸は大幅に掘削されたが主要な樹木は背後地に移植し、右岸は、堤防にかかる部分の樹木は伐採せざるをえないが、鶴田公園をできるだけ残すなど、緑量保存に対する最大限の努力を行なった。

一方、整備スケジュールに関しては、最初に両岸の特殊堤の設置を行なっている。右岸に関しては、特殊堤の設置のみで防災的な整備は終わるが、左岸については、その後、掘削して石積み護岸の設置、さらに低水部を掘削し、低水護岸を設置、と二段階に分けて行なわれた。防災面での整備を早急に行なうことで、２０１２年7月に発生した九州北部豪雨（流域平均2日雨量：３９３・6㎜、白川沿川の被害は、家屋の全半壊１８３戸、床上浸水２０１１戸、床下浸水７８９戸）においては、熊本市内でも緑の区間の上下流での越堤が生じた中、この区間では越堤することがなかった。護岸、高水敷や水際については、現場でのワーキングや研修を重ねることで、細やかな配慮を行ないながら整備が進められた。また、樹木移植については、施工前より、樹木調査や根回しを行なっており、長い年月をかけて丁寧に取り組んでいる（写真2）。

以下では、上述した背景をふまえながら、本書のテーマ、「自然と人間をつなぐインターフェース」としての土木デザインという点で重要な取り組みを三つの視点に整理して紹介していきたい。

すでに述べたように、長年、緑の区間が治水安全度の低い場所であった理由は、治水整備と緑の保全の

写真2　暫定整備後の緑の区間（2015年撮影）

両立を図る計画が立案できず、市民との合意形成が図れなかったからであった。そのため、この整備において最も重視されるべきは、既存樹木をいかに保全するかということである。この具体策に関しては、先に紹介した「河川整備基本計画」では十分に議論されていないため、親水や景観という視点から具体的な対策を議論するために、白川市街部景観・親水検討会が設立された。座長は、曽木の滝分水路でも景観検討委員会の委員長を務め、私の上司でもあった小林一郎教授（熊本大学）である。その成果は、次のテーマと方針に集約される。

［基本テーマ］
「森の都くまもと」のシンボルとして市民に親しまれる水と緑の拠点づくり
［三つの基本方針］
⑴現在の景観を活かした景観計画＝①歴史的景観を尊重した石積み護岸、②豊かな緑量の確保（造園計画の必要性）
⑵緑の拠点とするための植栽計画＝①既存樹木を極力活かした植栽計画、②樹木の成長を見据えた樹木配置、③市域の気候条件・四季変化に留意した植栽
⑶親水性に配慮した水辺空間の整備＝①全区間両岸に水際の散策路の設置、②緩やかに変化する水際線の創出、③水辺への階段やスロープの配置（心地よさに配慮）

以降ではまず、この成果の最も ユニークな点である緑に関する方針を中心に検討会での議論を紹介していこう。

緑の保全

当初、先の検討会は通常のものと同様に、事務局からいくつかのデザイン案が示され、型どおりの議論の後、それに従った実施設計が行なわれる予定であった。しかし、このような予定調和的な段取りに対して、明確な疑義を最初に表明したのは、環境・植物に関する専門委員である熊本大学の今江正知名誉教授であった。今江教授には、後に紹介するように私もずいぶんと鍛えられたが、彼は先に紹介した論争から参加しており、多大な責任感をもってこの事業に参加していた。なお、残念ながら、今江教授は緑の区間が暫定供用される前年の2014年にご逝去された。深く哀悼の意を表したい。

さて、第二回検討会において、その今江教授から出された疑義は、こうである。「植栽計画を考える以上、専門家（造園業者）に依頼し、すべての木々の種類と配置を検討すべきではないか」。通常、植栽計画は護岸や道路のハードな部分に関する設計の後に、補足的に計画される。その場合、窮屈な場所に植栽されたり、植物に無理をさせることが多い。この「緑の区間」において、それでよいのか？　ここでは、最初に植栽に関する入念な計画、すなわち、現在の樹種や状態についての詳細な調査、残せるもの、移植できる（すべき）もの、新しく植えるべきものなどを事前に検討すべきではないか？　という疑義である。これは、樹木の配置を平面として考えるのではなく、立面として考えろ、そうすれば、より実感に近い緑量を検討することができるだろう、ということでもあった。

「緑の区間」という名称や鶴田公園としての履歴を考えても、全く的を射た疑義であった。これを受けた検討会は年度を越え、８ヶ月の休会後、熊本造園業協会の全面的な支援をいただき、詳細な樹木の配置計画が示された。樹木の調査は慎重かつ詳細に行なわれた。高木、低木、地被類、壁面緑化の四大項目に対し整備の方針（緑量、四季の風情、視線誘導……）の小項目ごとに、植栽方法と植栽検討樹種が明記された。たとえば、「緑量確保」に主眼をおいた大径木の候補として、クスノキ、ムクノキ、エノキを主要候補、タブノキ、ケヤキなど7種をその他の候補として検討した。また、「熊本らしさの演出」に使うための郷土樹種としてはチシャノキ、センダン等4種を選定、「四季の風情の演出」のための花としては、サクラ（ソメイヨシノ、ヤマザクラ、ヤエザクラ）、サルスベリなどを候補とするなどが計画には盛り込まれた。この基本的な考え方は、①現存のものをそのまま残す、②既存のものを移設（移設前後の位置を明示）、③新規のものを植樹というものであり、これに基づく詳細な計画図も用意された。

第四回以降では、植栽に関しては、以下のようなことが確認された。①すべての木を一度に植え替えるのではなく、年度計画を立て順次植え替える、②既存のイメージを残しつつ、数年で現況に近いものとするが、最終的には30年後に「緑の区間」として安定した風景となるようにする、③大径木は最終の枝ぶりを想定し、それぞれの間に十分な距離をとり、それらの間に小径木を配置する。

このような発想が、後に詳しく述べるように、移植のための根回しが単体として工事発注され、発注者の理解に答えた造園業者の丁寧な仕事として、まずは結実する。ここでは先に、このようなアプローチがもつ景観デザインとしての意義を考察してみたい。

樹を中心とすること

樹を中心とすることによる最も大きな意義は、「緑の区間」で行なわれるデザインに対して、通常とは異なる緩やかな時間軸を与えたことである。なにせ、このデザインの完成には30年かかるのである。このような時間においては、いわゆる工事が完成した時点では、まだ最初の一歩を踏み出した、よちよち歩きの赤ちゃんにすぎないということとなる。すなわち第1章で述べた「時間的な非自己完結性」そのものがテーマとなったのである。

しかし一方で、竣工時にすべてが完成していなくてもよいというのは、デザインの可能性を広げることでもある。たとえば、遊歩道をつける場合、通常は設計時に線形から幅員、舗装材まですべて決めておかなくてはならない。しかし、今回は人々が利用するようになってから、野原の中に踏み分け道が自然にできてから、それを舗装するという遊歩道のつくり方も原理的には可能となるのであり、人々の利用から考えれば、そのほうが快適な遊歩道となることは自然の道理だろう。実際は、遊歩道は管理用通路でもあるため、そのようにつくることはできず、暫定整備時には線形も舗装材も決定していたが、たとえばベンチについては、暫定整備時の2015年までには3つ程度しか置かず、その後の2019年に3倍くらいに増やしている。

もう一つ、大きな意義があった。実際にあったエピソードを紹介しよう。後に紹介するような具体的な景観設計が始まったとき、その設計を担当する私たちのグループは、まず全体模型を作成した。空間の設計をするときは、まず全体から考え、部分に落としていくのが普通だからである。「緑の区間」は600mの長さとなるため、全体模型の縮尺は500分の1である。その縮尺では、10mを超える大木もたかだか2～3㎝となるので、樹形をつくることはできずに、緑の球を樹に見立てて、樹木の配置とした。

ところが最初の打ち合わせのとき、その模型を見た今江教授は、とても不機嫌な顔をしている。そして開口一番、「樹は丸じゃない」と。つまり、樹には表もあれば裏もあり、1本1本違う形をしているものだ、というのである。正直、私の反応は、「は？　何を当たり前なこと言ってるの？　そんな樹の模型を500分の1の縮尺でつくれるわけないじゃないか」というものであった。設計グループとしては、途方に暮れるしかない。しかし、この全体から部分へ、という発想そのものが、先の委員会（第二回検討会）で転換されていたことに気づいていなかったのである。

全体から部分へ、という発想は、まさに設計者のものであるが、利用者はそのような全体を俯瞰する視点をもつことはない。見通せても100m程度で、もっとヒューマンスケールなまとまりの連なりとして、空間を体験する――実は、これが樹を平面ではなく立面で見るということだったのである。

そこで、設計グループも、部分から全体へと発想を転換し、「緑の区間」の景観設計は部分の集合として検討していくこととした。つまり、立体的には100分の1模型で場所ごとに検討し、それを集めていくという手法をとったのである。この縮尺であれば樹木は10㎝以上となるので、それぞれの個性をつけることも可能である（100分の1程度の模型では、樹木をカスミソウのドライフラワーでつくるのが一般的である）。

しかし、この模型制作は大変であった。この区間は600mあり、前後も含めると7m以上にもなる（写真3）。研究室の学生たちが作成したのだが、検討をしながらつくるので、全体ができるのに2年以上かかったであろうか。しかも、良好な保存状態もつくれないので、先につくったところは壊れかける。いわば、サグラダファミリア状態である。流石に保管場所にも困り、2016年の熊本地震にともなう研究室の引っ越し（地震によって、私たちがいる工学部1号館のみ建て替えとなった）によって、すべて廃棄してしまったが、今となっては少しもったいないことをしたかなと残念に思っている。

以上が、樹を中心とすることの意義であるが、それは時間と空間の捉え方、双方に関わるものであった。

住民の反応

しかし、この樹木の保全にあたって、私たちはまた違う角度から怒られることとなったので、その件も報告しておきたい。

再三述べているように、緑の区間の整備において市民との合意形成は大きな課題であった。そのため、私たちは、検討会の場だけではなく、区長さんが集めた地域住民が集まる場へ、模型などを持ち込んで計画案の提示と意見収集を行なった。怒られたのはこのときである。

私たちは今までの経緯をふまえ、緑を中心としたデザイン案を作成していった。もちろん説明もその点がメインとなる。しかし、説明をしていても、住民の顔が怖い。彼らは全く満足していない。なぜだ？ 理由は大変単純なものであった。彼らは、これらの木々に日々迷惑を感じており、できればすべて伐ってほしいと思っていたのである。落ち葉の掃除が大変。台風など風が強いときは、木が倒れないか不安で眠れない、などなど。聞いていた話と全く正反対ではないかと、衝撃を受けた。

しかし、彼らが言うことも全くもっともなのである。一方で、この緑が「森の都くまもと」を象徴する大事なものであるということも変わらない。30代半ばであった私は、なんとか接点を見つけようと頑張ったが、何も知らない若造が、などと言われ、その住民とは喧嘩のようになってしまって、国土交通省職員が仲裁に入るなんてこともあった（学識者と行政職員の役割が逆である）（写真4）。また、あなたはここに暮らしていないから、そういうことを言えるのよ、と言われたときには、ぜひお家に伺わさせてください、と翌日には訪問し、お茶をいただくこともあった。実際伺ってみると、豊かな緑に面した素敵なお宅で、そ

写真3　100分の1の全体模型をすべて並べたところ

写真4　住民との最初の意見交換（今でも、住民の前に立つことが最も緊張する）

のことを伝えると、お客様はみんな褒めてくれるのよねえと、複雑そうな表情であった。結局、緑の区間の緑量は維持しつつも、住宅に接する木々（大きなエノキがあった）はこれを機会に整理するということで落ち着いた。

この問題は、いわゆるゴミ処理場などにおけるＮＩＭＢＹ（Not in My Back Yard）問題のバリエーションとも考えられるが、近隣の人々にとって、緑の区間が鬱蒼とした緑の塊であるという以上の、特に日常的な価値（散歩ができるなど）を提供していないことに起因する問題だったと思う。実際、暫定供用を開始した２０１５年以降に緑の区間で彼らに会うと、良い場所ができたから毎日散歩してるよという声をいただくことができた。喧嘩となった住民は、そんなに素直には言ってくれず、散歩してて犬の糞が困るから、なんとかしてくれよ、とまた文句を言われたが。

造園協会との協働

では、具体的にどのように緑の保全を行なったのかをみていきたい。熊本県造園協会の今村順次氏と吉村建介氏が中心となり、健康状態を調査した樹木は両岸で約５００本にのぼったが、それらを移植可能樹木と伐採樹木に整理した。

問題は、どのようにして移植を行なうかであった。樹木は根を通して、特に、根の先端に多い細根から必要な栄養を吸収している。移植をするためには根鉢をつくる必要があるが、大きな木ほど広く根を張っていて、その細根を切ってしまう場合が多い。そこで、樹木を移植する前に、根を切って発根を促しておく。これを根回しという。通常の移植工事では、直前に根回しを行なうことが一般的で、貧弱な根による栄養でも移植した樹木が耐えられるよう、多くの枝を切り落として、丸坊主にしなくてはいけない。しかしそのような移植は、この整備にふさわしいやり方とは言えないだろう。そこで、移植が開始される2011年の2年前に、根回し工事だけが行なわれた。そうすると、移植するまでの間に、切った根から多くの幼根が生まれ、移植直後でも十分に栄養を吸収することができ、樹形を維持した移植が行なえるのである（写真5）。

なお、事を行なう前に、関係者に意図・事情などを説明し、ある程度まで事前に了解を得ておくことを、日本語の慣用句では「根回し」というが、この造園用語がその語源である。このような語法にも、寺田寅彦が『日本人の自然観』で述べているように、自然との関係の取り方が、社会における関係の取り方の基盤となっているという点で、私たちの風土的伝統を表現しているものということができるだろう。

このような丁寧な準備によって、160本以上の樹木が自然な形を維持しながら移植された。また、この緑地内の遊歩道に関しては、先に述べたような、緑地共用後に自然発生した野分道を舗装するということはさすがにできなかったが、樹木の移植を先行させ、その後に、それぞれの木々の形や土地の小さな起伏をふまえながら、図面、模型の検討を経て、最終的には現地に白線を引くことによって決定した。

一方、樹木にとって、移植されるよりは、そのままの場所で生育することがよいのは当然である。この整備においては、そのための努力も最大限に行なわれている。具体的に紹介していこう。緑の区間の堤防は8・5mの鋼矢板を打設した特殊堤という構造となっているが、一度に打設するためには、10m以上の高さが必要であるため、堤防の上に枝が被る場合にはその枝を伐採する必要がある。そこで、そのような場合には、鋼矢板を2分割して打設し、枝そのものを保全する。加えて、右岸の大きなエノキに対して、隣接するマンションとの敷地の余裕がないために、設計時には伐採も致し方なしと諦めていたものも、施

写真5　暫定供用時の緑の区間の風景。
樹々が生き生きとした形をしているのは
丁寧な移植のおかげである

工の段階に至って、当時の白川出張所の所長がそのエノキの伐採を忍びないと感じ、堤防法線をグイッと曲げるという、アクロバティックな工夫によって保全したり、左岸の白川小学校前に生えていたクスノキに関しては、計画的に堤防線形を屈曲させて保存したりすることも行なっている。

これらの工夫は、樹木を保存するだけではなく、小広場をつくったり、堤防線形に変化を与えたり、利用者にとっても魅力的な場所の形成にも寄与していると考えている。

立曳き工法

しかし、この緑保全のハイライトは、樹齢100年、100トンを超える2本の大クスノキを、江戸時代より伝わる伝統工法の立曳《たてび》き工法によって移植を行なったことだろう。立曳き工法とは、樹木を立てたまま、移動したいところまで溝を掘り、滑車によって人力でゴロゴロと引っ張っていく工法である。関東ローム層によって粘りの強い土をもつ関東では、現代でも多くの実績があるらしいが、九州では初めての試みだったので、東京の造園会社に協力してもらいながら、この工事に特化した「クスノキ立曳き検討委員会」（2011年6月設立。蓑茂寿太郎委員長）を立ち上げ、検討を行なった。私もこの検討会に参加させていただいたが、ほぼ「へ～、なるほど、なるほど」と勉強させてもらってばかりだったと思う。何より、さまざまな道具の名前が素敵である。すべて木製で、この工事用につくるのだが、みんなで回してロープを巻き取っていく大きな滑車が「カグラサン」、溝に敷き込む「ミチイタ」、その上を転がすために並べる「コロ」、根鉢を支えるために井桁状に組む木材は「コシシタ」と「カンザシ」など。これらの名前を聞くだけで、樹への愛情があふれんばかりなのを感じることができるだろう。

写真6　立曳き工法による移植工事

この工事の意義は以下の三点である。第一に、樹木を立てたまま移動できるため樹皮を傷つけず、樹木の健康を維持できる。第二に、伝統技術を継承できる。そして第三に、人力で移動させるために多くの市民が参加することができる。実際は、揃いの半被などを準備し、近隣の白川小学校の生徒などを招いたイベントとして工事を行なった（写真6）。ちなみに、15mほど移動するのに、2時間半ほどかかったと思う。工事そのものに参加することで、市民の愛着をより強く醸成することが可能となった。実際、参加した子どもたちは供用後によく遊びに来ていたようで、立曳き工事に参加した小学5年生が卒業するとき、何か緑の区間に記念を残したいということで、小学校の校訓を石のプレートにして石積み護岸の一部に埋め込んだりしている。

また、緑の保全、伝統技術の継承、公共事業への市民参加といった現代的なものに加えて、広島市の太田川で江戸時代に行なわれていた河川管理の行事化「砂持《すなもち》加《か》勢《せい》」のように、労働の祝祭化という風土的伝統に根ざした市民参加と位置づけることもできるだろう［＊5］。

造園屋の息子

少し話を脱線させてもらいたい。緑の区間における造園協会との協働は、実は私の夢を叶えるものでもあった。私の父は70歳を過ぎて引退するまで、横浜で造園業を営んでいた。父は大変厳しく、男は自分の小遣いくらい自分で稼げということで、中学一年生の頃から小遣いがなくなり、長期の休みに実家の会社でアルバイトをさせられた。日給は３６００円。イメージとしては、アルバイト1日分がちょうど1ヶ月のお小遣いくらいである。私としても悪い話ではなかった。剪定した枝を集めたり、植えた木に水をやったり。今から思えば、大した戦力になっていなかったと思うが、中学生の私にとっては、大人の仲間入りをしているような、自負心をちょっとくすぐられるような時間でもあった（ちなみに、2つ下の妹は、ずっと小遣いをもらっていた。そんな家庭である）。その後は、マイ地下足袋を何足か履き替えながら、大学生になるまで実家でのバイトは続いた。

結局、私は家業を継ぐことはなく、景観デザインを専門とする大学の教員という仕事についているわけだが、それには、この経験が大きく影響しているだろう。暑さや寒さにフラフラになりながら、父や職人さんたちの凄さを目の当たりにしながら、自分には現場は無理だなと感じたことが消極的な理由。一方、積極的な理由は、この木はなんでここに植えるんだろう、あそこはなんであんな舗装なんだろうと、それらを決める仕事（設計）に興味をもったことである。大学院を修了後、研究者の道ではなく設計者の道を歩むことになるのだが、そのときの夢の一つが、自分で設計し、父親が施工するというものであった。父親との協働は、結局叶わなかったが、緑の区間のプロジェクトでは、横浜からは遠い熊本の地において、形を変えて夢が叶ったといえるかもしれない。本書においても、大学の教員にしては現場の話が多いなと感じる読者もおられるかもしれないが、その理由は以上のとおりで、学会よりも現場が楽しい、私の性分にもよるのである。

実はもう一つ、この夢がより近い形で叶ったことがあった、それは、球磨川が八代に抜けるところに加藤清正の遺構を復元した八の字堰のプロジェクトである。これは、元々存在していた石組の堰が近代的な可動堰に改修されたことによって、徐々に悪化した河川環境を、清正の遺構を復元することによって改善を図ろうとするもので、まず、九州大学の島谷幸宏教授（当時）と堂薗俊多八代河川国道事務所所長（当時）の企画が素晴らしく、私自身は、両岸の人が憩うスペースのデザインをアドバイスしたにすぎない。本格的な石組によって復元されているが、石工の棟梁を担ったのが相良村在住の杉野真也氏である。

私としては杉野さんと呼んだほうが馴染みがよいのでそうさせていただくが、杉野さんが東京で大学生だった頃、バイト先の造園屋で世話をしたのが私の父であり、彼を造園の世界に引き込んだ張本人であった。私が幼稚園に入る前は、今の横浜アリーナがあるあたりに住居と飯場を構え、職人さんとわが家は一緒に暮らしていたらしく、杉野さんはよく私たち兄妹の世話をしてくれたらしい。父の弟分、私にとっては叔父のような存在の杉野さんが八の字堰を施工してくれている。こんなに嬉しいことはなかった。そして、やはり、丁寧な石組は強い。2020年7月の豪雨でも、周辺の護岸やコンクリート構造物はガタガタなのに、石組の八の字堰はビクともしていなかった。

＊5　中村良夫・北村眞一・岡田一天・田中尚人、『都市を編集する川―広島・太田川のまちづくり』、渓水社、2019

川と街をつなぐ壁

緑の区間の話に戻ろう。市街地側の右岸の鶴田公園は狭小の用地であったため、先に紹介したように鋼矢板を打ち込んだ特殊堤を築いている。鋼矢板を打設した堤防の上部は、コンクリート壁（パラペット）となり、その構造物がおよそ600mも連続することとなる。そこで私たちは、実寸スケールの模型なども制作し、丁寧な検討を行なった。その結果、無垢のコンクリート（ただし歩道側面には、エージングを考慮し杉型枠を使用）の上部片側のみに阿蘇の溶解凝結岩である鍋田石を笠石のように配置する意匠とした。

これは、70㎝もの厚さのコンクリートを細く見せる効果もあるが、そもそも人々の行動をよく反省してみれば、低い壁に手を添えて歩いたり、腰を掛けたりする場合、実際は人に近い片側しか使わないだろうという観察に基づいたものである。その最低限の部分にのみ、肌触りのよい自然石を使用しようという発想で、コンクリートの無骨な存在を、シンプルでありながらも人にとって身近で、時とともに味わいを増す意匠であると思っている。

前述したように、この白川は2012年7月に大きな水害に見舞われているが、そのときすでに右岸の築堤は完成していたため、この区間での越堤を食い止めることができた。このパラペット壁は洪水を食い止める、すなわち街と自然を分断する壁であると同時に、木陰の下で憩うベンチのように使われ、いわば人と自然を近づける、まるで家具のような装置としても機能するという、両義的な存在となっているのである（写真7、8）。

写真7　パラペットの日常の様子。気持ちのよい木陰にあるベンチのように使用されている

写真8　2012年7月九州北部豪雨時の緑の区間。完成済みであったパラペットの天端から、わずか30㎝まで水位が上がった（国土交通省提供）

縦割りを超える

少し話が一般的なこととなるが、読者の皆さんが街を歩いていて、なぜここに変な段差があるんだろう、とか、この植栽がなければ広々使えるのに、など、使いづらさを感じたことはないだろうか。これらは、それぞれの空間が敷地の中だけで完結して整備されていて、周辺の空間との連続性や関係性を全く考慮されずに整備されたことから生まれた使いづらさであることが多い。いわば縦割りの弊害である。つまり、都市における公共空間のデザインにおいて、敷地境界を超えた取り組み、いわゆる縦割りの克服が最も重要なのである。

この緑の区間においても、同様の使いづらさが生まれる可能性があった。右岸緑地は、上下流それぞれ延長の3分の1ほど、市道と緑地が並行する。一般的な整備では、河川の管理用通路と市道の歩道がそれぞれ1・5m幅の狭い通路として高低差をもって平行することとなり、利用者にとっては非常に使いづらい道となる。そこで、河川管理者の国と道路管理者の市が協議し、両者を合築して河川沿いに整備し、3m程の幅をもった、ゆったりとして安全な歩行者通路を整備することとした。また、車道と歩行者通路の段差を埋める斜面には、桜を植樹することができ、堤防整備によって伐採せざるをえなかった桜を、少しでも補植することができたことも嬉しいことであった。

実際、私はそのような提案をしただけで、国と市の担当者は調整が大変だったのだと思う。景観デザインや都市デザインは、表面的な意匠を整え、かっこいいオシャレなものをつくることとイメージされるかもしれないし、それも重要なことなのだが、このように敷地を超えて協力し合うことのほうが、高価な素材を使って整備することよりも重要なこともあるのである（写真9）。

小広場のデザイン

都市デザインという視点からみると、街と川をつなぐ最も重要な場所は橋詰であり、河川緑地の玄関ともなる場所である。一方で、特に白川のような天井川では、橋詰は、橋梁上の道路や直交する道、橋の下をくぐるために下がっていく緑地など、さまざまな高低差が集合する立体的に複雑な空間でもある。緑の区間全体に対しては、100分の1模型を作成しつつ検討を行なっているが、このような複雑な場所においては、さらに精度の高い30分の1模型を作成し、人々が河川緑地に自然と導かれるような空間の検討を行なった（写真10）。パラペットの笠石に使用した鍋田石や洗い出しコンクリートなど、素朴な材料を共通に使用しつつ、空間がたっぷりとある左岸ではのびやかな造形、狭い右岸ではコンパクトな造形など、その場所に適したデザインを行なった。また、右岸橋詰の整備は2009年、左岸整備は2014年と時差があるため、先に完成した橋詰を市民とともに体験し、さまざまなフィードバックを得ながら、次の整備の改善を行なっている（写真11）。

なお、緑の区間のように、ある程度の広さがある場所のデザインにおける素材選びについては注意が必要である。もちろん素材選びにおいては、耐久性などの機能的なこと、空間との調和などの意匠的なことを検討することは当然である。加えて、その素材そのものが、利用者に対する〝サイン〟となることにも留意する必要がある。

たとえば緑の区間においては、パラペットの肩や街から緑地に入る階段の段差には鍋田石を使用して、

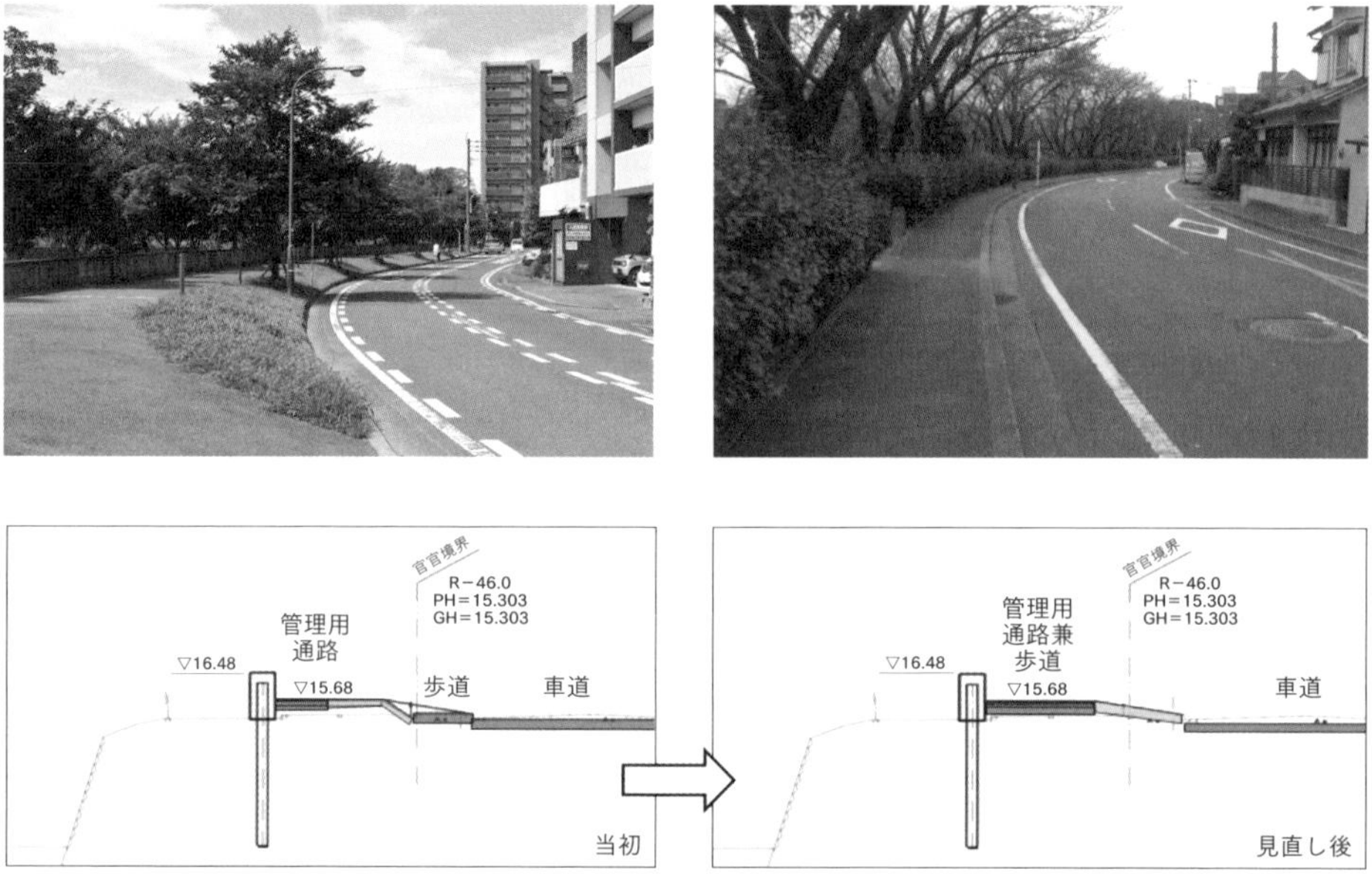

写真9　市道の歩道と管理用通路の合築

写真10　30分の1模型を使用し、橋詰空間を検討している様子

写真11　さまざまなレベル差をつなぐおおらかな橋詰広場

人の利活用を促している。同じ階段でも、後に述べる緑地から水辺に降りる階段は、石積み護岸と同様の島崎石で仕上げている。これは、同じ上下動線ながら、移動しているときに、安全性などに対する注意を無意識に促すことを目指しているのである。同様に、転落防止柵も同様の製品をアレンジして使用しながら、街側に設置される場合は、できるだけ目立たないようにダークグレーの色彩とし、護岸側に設置される場合はシルバーの色彩として、むしろ目立たせ、ここまでは安全ですよというメッセージを利用者に発している。このように、素材や色彩などを好みなどによって恣意的に決定するのではなく、一つのシステムとして、全体と部分の関係から考えることが重要である。

また、緑の区間に接して、多様な空間が６００ｍ以上の長さにわたって連続する。そのため、周辺との連続性の実現も回遊性を確保するために重要である。この整備においては、さまざまなレベルでの連続性をスムーズに達成することが重要となった。それらはたとえば、低くなる堤防を自然に土手の中に埋め込む工夫や、安心に通行できる空間的なボリュームをもった橋下空間の整備などである。また、左岸緑地内の遊歩道についても、樹木の配置や緑地内に生じる微地形に呼応して、緩やかな曲線を描くように、図面、模型、現地とさまざまな方法によって慎重に決定した。

特に左岸では、街区が川と直交していないため、三角形の残地が多数生じていた。緑の区間では、これらの残地を街と緑地をつなぐ場として位置づけ、周辺のコンテクストを読み込みながら積極的に整備した。具体的には、道路に面した大きめの残地は、緑地の豊かな緑が街にしみだすように、堤防法線自体をおおらかに街側に膨らませ、緑地側にゆったりとした広場を創出したり、住宅地の裏にあたるような場所では、維持管理のしやすさなども考慮し、ハードな舗装で静的な場を創出したりしている。これらの残地広場は、街と緑地を一体的なものと認識させるうえで、非常に効果的であると考えている。

写真12　熊本城の外堀としての歴史をイメージさせる左岸の新しい石積み護岸

石積み護岸

拡幅によって新設される左岸の護岸は、熊本城の外堀であった歴史をふまえて石積み護岸としている（写真12）。熊本城の石垣が顕著なように、熊本は優れた石積み技術を有する地域であった。しかし、需要不足のため石積み技術者の減少が著しい。そのような問題意識の中、熊本産の島崎石による石垣を構築することとし、さまざまな石積み方式から「布《ぬの》目《め》崩《くず》し」という伝統的な技法を選択し、施工中も石積み技術に詳しい福留脩文氏による丁寧な指導を受けながら、護岸の整備を行なった（写真13）（なお、福留脩文氏も2013年にはご逝去されている。近自然工法の導入に偉大な貢献をされた先達であった）。

600mの長さの護岸を一気には整備できないため、工区を三つに分けて段階的に整備を行なっている。石積み技術の精度は、石の長短が交互に組み合わさった「算《さん》木《ぎ》積み」が行なわれる凸部に現われる。最初の工区では、その「算木積み」を精度高く施工することはできなかっ

写真13　福留脩文氏による石積み指導の様子

たが、その反省をふまえた以降の工区では精度の高い施工を行なうことができた。このような段階施工の有効活用は、施工者の技能の向上を図るという点でも効果的であったが、同時に、施工者の競争意識を刺激し、設計図のとおりに施工するという受注者としての業務以上の仕事を行なうことにつながったと思う。

たとえば、石積み施工者はハート型の石やクローバー状の彫刻を施した石を石垣に埋め込むなどの遊びを自主的に行なっている。こういう工夫は、ディズニーランドの隠れミッキーのように、なかなか見つからないから価値があるのであって、各工区に1つずつあったら、ありがたみがなくなってしまう。私としてはやりすぎかなあと思ったが、それぞれの施工業者の思いの現われだと考えることとしたのであった。

加えて、左岸の護岸には緑地と水辺をつなぐため、3つの階段が設置されている。このデザインにあたっては、石積みの連続性を阻害せずに変化を与えること、アクセスだけではなく、川を眺めてのんびりできるような場ともなること、などが求められた。そこで、橋詰などと

写真14　ミズベリング白川74における階段の使われ方

同様、30分の1模型によって検討を行なった。その結果、緑地に直交した幅広の階段とテラス状の踊り場、石積みに沿った2m幅の階段、水際散策路に面してベンチにもなる幅広の階段、という三つの要素をもつ多機能な階段となった（写真14）。

そもそも、この石垣は、石材のみで構築する空石積みではなく、現代の基準に合わせ、背面にコンクリートを流し込んだ練石積みで施工されている。そのため、先に述べた「布目崩し」や「算木積み」も構造的にはあまり意味があるものではなく、発注者と受注者の協働による、職人の道楽のようなこだわりともいえる。しかしこれらの遊びは、石積み職人たちの自らの仕事に対する愛着や誇りの表現であると同時に、利用者である市民への施工者からのメッセージでもある。このような思いの、秘められた伝達というコミュニケーションもまた、私たちの風土的伝統に根ざした広義の市民参加ということはできないだろうか。以上のような関係者すべての情熱によって、熊本城下町の新しい顔を創出することができたと考えている。

水際のデザイン

年配の住民の方に話を伺うと、以前はこの区間でも川で泳いでいた、ということをよく聞く。しかし、現状では川の存在は市民にとって縁遠いものとなっており、そのような遊びの場とはなっていない。水際から川の中に関しては西日本科学技術研究所の西山穏氏が担当したが、この整備では、水際護岸の前面に、自然石とコンクリート平板（1・5㎡）を組み合わせて設置している。

これは、生物の生息環境を創出するだけではなく、さまざまな高さで設置された人工的な形状の平板は、連続的で感知しづらい水深の変化を、人々に対してわかりやすく可視化する。加えて、アクセスしやすい平板が水位に対してランダムに配置されることによって、さまざまなアクティビティを生むきっかけともなる。「自然と人間をつなぐインターフェース」として、視覚的にも身体的にも訴えることを目指したものである。

しかし、この平板設置は難産であった。というのも、協働していた造園協会の方々の大きな反対にあったからである。彼らによれば、矩形のコンクリートブロックという要素は、前述した石垣などの伝統的な意匠と調和しないとのことであった。私たちは、むしろその不調和にこそ着眼していたわけだが、その理由は、第一に、近代的なビルが林立する市街地に位置する河川空間として、伝統的な意匠のみにこだわることこそ不自然であること、第二に、人工化された空間の中で自然を感じるためには、人工的な形態と自然を強く対比させることで自然を際立たせるランドアート的手法が有効であること（この点については第5章で詳しく検討する）、そして第三に、都市的市民の身体性に刺激を与えるためには、その利用可能性をあ

写真15　コンクリートブロックの上から水に触れる子どもたち

る程度わかりやすく伝える必要があるということであった。

実際、この平板の効果は大きく、浅く安全な平板の上では、小さな子どもたちが水に触れ、深く沈んだ平板の上では小学生たちが水遊びをし、高く乾いた平板の上では、大人たちが腰を掛けたり、釣りをしたり、さまざまな水辺のアクティビティを都市の真ん中に創出している（写真15）。２０１６年に発生した熊本地震時に生じた土砂崩れによって大量に発生した土砂が川底に堆積し、これらの平板ブロックや捨石の多くは、土砂に埋没した。現在はそれらの土砂も取り除かれたが、このような変化もまた、都市部では感じづらい自然のダイナミズムを可視化するものとして、積極的に評価することもできるだろう。

以上に述べた考え方に基づいて整備が行なわれた緑の区間は、２０１５年より暫定供用が始まっており、そのタイミングで、グッドデザイン賞を受賞することができた。

ミズベリング白川74

活用状況についても紹介していこう。現在の日本では、「ミズベリング（MIZBERING: https://mizbering.jp/）」という活動が展開されている。これは、治水偏重の整備によって、人々が活用する水辺ではなくなっているという問題意識に基づき、新しい水辺の活用可能性を模索していく官民協働のプロジェクトで、２０１４年3月に全国的にスタートした。

暫定供用を開始した２０１５年には「ミズベリング白川74」というイベントを、緑の区間において開催した。このイベント開催にあたって、大きく貢献したのは、熊本市のまちづくり会社、熊本城東マネジメント㈱の南良輔氏だった。暫定供用開始に合わせて、ミズベリングの開催を模索していた熊本河川国道事務所の当時の調査第一課長は、協力先を探すのに相当苦労したようである。もちろん国土交通省単独での開催も可能であろうが、それでは一般的な竣工式と変わらない。そこで手を差し伸べてくれたのが、豊富な経験をもつ泉氏であったのである。

ミズベリング白川74では、せせらぎステージでの演奏会、オープンカフェやマルシェ、河川ではEボート体験などが行なわれたが、中心的役割を果たしたのが、熊本城東マネジメントが中心市街地で運営していた「Seed Market」（店子を一般市民から公募するチャレンジ・マルシェ）である（写真16）。なお、一般のミズベリングはその都市の名前を付けるが、ここで「白川74」とされているのは、74とは白川の延長の㎞のことであり、一部の都市だけではなく、流域全体で緑の区間の暫定完成を寿《ことほ》ぎ、その他の流域につなげていきたいという、開催に奮闘した調査第一課長の思いが込められたからである。

写真16　ミズベリング白川74の様子
上：立曳きした大クスノキの下、下：堤防法
線を街側に膨らませることで創出した広場

また、私個人として感慨深かったのは、多くの異動してしまった職員がイベントに集まってくれ、ちょっとした同窓会のようになっていたことであった。通常、公務員は2、3年で異動してしまうため、長い時間のかかる事業に一貫して関わることは困難である。そのため、なかなか、そのプロジェクトに思いを込めることができず、お役所仕事と揶揄されるような、その期間だけ問題が起こらなければいいというスタンスにならざるをえない部分も確かにある。この緑の区間のプロジェクトに関わってくれた職員は、中にはそういう人もいたかもしれないが、少なくともミズベリングに集まってくれた人々は、そのような状況の中でも思いを込めて仕事してくれた人々なんだと思う。

Shirakawa Banks

その後、国土交通省を事務局とし、商店街や自治会代表等が参加した「白川「緑の区間」の利用を考える協議会」が設立されたが、2016年の熊本地震の影響などもあり、具体的・継続的な活動を展開できずにいた。そのような中、「白川夜市」が2018年に不定期開催を開始、2019年には毎月第四土曜日の定期開催（3月〜11月）となり、緑の区間の利活用の中心となった。

夜市を主催するShirakawa Banks（https://shirakawabanks.site）代表のジェイソン・モーガン氏は、常々、白川という、街の中心にある豊かな自然環境が有効活用されていない状況に不満を感じていたそうである。2015年に開催されたミズベリング白川74にクラフトビール店を出店し、緑の区間の可能性に大きな手応えを感じ、2018年4月には、沿川の若手住民とともにShirakawa Banksを設立。以前は街中で開催されていた夜市の復活という形で、緑の区間の利活用を具体化したものが白川夜市である。定期開催された２０１９年の白川夜市は、３月の初回17件の出店が、最大37件に増加、毎回１０００人以上の市民が集まる人気イベントとなった（写真17）。

Shirakawa Banksは、コミュニティづくりに貢献するボランティア活動と、地域活性化・地産地消をバランス良く推進する営利目的の活動を組み合わせて、補助金に頼らず活動する産学官連携のまちづくり団体である。活動の特徴は次のとおり。

◎地域主体の活動

緑の区間周辺の九品寺地区の若手住民が中心となりShirakawa Banksを組織しているため、地元町内会や小学校との緊密な連携がある。たとえば、公共空間におけるイベントでは、トイレの設置が大きな課題となるが、白川夜市においては、隣接する白川小学校の校庭トイレを活用させてもらうことで、その課題を解決している。加えて、Shirakawa Banks副代表の森永健太郎氏が主体となったキッズアントレナーシップ活動と連携し、小学生が自ら企画運営を行なう夜店が毎回出店されている。その結果、遠く県外からも来客があるイベントである一方で、来訪者の３割以上は周辺地域の住民であり、地元のイベントとしても定着している。

◎継続的な改善

白川夜市は、Shirakawa Banksメンバーがそれぞれリーダーとなり、テーマを設けて開催している。たとえば、阿蘇で開催されたアートフェスティバルと連携したり、人通りが少ない橋の裏側に大人が楽しめるバーを展開したりと、さまざまなチャレンジを継続している。加えて、来訪者からの要望にも適宜応え

写真17　白川夜市の様子
上：パラペットがみんなのベンチになっている（2019年4月27日）、下：たくさんの人でにぎわう（2019年7月27日）

ている。たとえば、照明の少なさに対しては、夜市の利益からライトアップ備品を購入したり、出店情報の要望に対して、事前にHP上での告知を行なったりと、丁寧な改善を継続している。

その結果、2020年2月頃から猛威を振るった新型コロナウイルスに対しても、行政が発信するリスクレベルをふまえつつ、入場ゲートやイートインコーナーの設置などの対策を工夫し（熊本では白川夜市モデルといわれている）、2020年9月より断続的にだが、夜市を開催できている（写真18）。私もほぼ毎回参加しているが、特にコロナ禍での白川夜市における賑わいやみんなの笑顔を見ると、本当に人々に待ち望まれているイベントになったんだなあと、とても感慨深いものがあった。

◎公共空間維持への展開

夜市をとおして、遊休化しがちな河川空間の利活用を活性化するだけではなく、草刈りなどの公共空間維持に関するボランティア活動も自主的に展開している。この草刈り活動には、Shirakawa Banksメンバーだけでなく、地域住民や夜市出店者などの関係者も参加し、重要な交流機会となっている。加えて、廃棄される草の堆肥化を行なうなど、持続可能な街づくりにもチャレンジしている。今後さらに、夜市の収益を地域に還元する方策を模索中とのことである。

◎広範なサポート体制

地元町内会や河川管理者の国土交通省は当然として、前述した城東マネジメントのメンバーや熊本市中央区まちづくりセンター、学識者や熊本大学などの学生による広範なサポートが存在することもShirakawa Banksの大きな特徴である。それらのサポートが、地域にしっかり軸足を置きながらも、白川

写真18　コロナ禍での白川夜市（2021年7月24日）。大クスノキの周りをイートインコーナーとして囲っている（写真左側）

夜市を単なる地元のお祭りに終わらせず、上述したように、意義あるまちづくり活動としているといえる。逆に言えば、Shirakawa Banksは、熊本に関係するさまざまな人材や知識をつなぐ重要なハブとしても機能しているということができる。

多くの市民との共有の場としての夜市という祝祭、草刈りという労働の遊興化などは、先に述べた立曳き工法や石積みへのこだわりと同様の風土的伝統に根ざした活動ということもできるだろう。治水事業であった緑の区間整備が、さまざまなデザインや取り組みによって、住民の自主性を育む場として育ちつつあるのである。

現在は、白川夜市だけではなくさまざまな活動を展開していくため、２０１１年に河川法が一部改正された「都市・地域再生等利用区域の占用」の許可を取り、協議会を「白川「緑の区間」利活用推進協議会」と改称し、熊本市を事務局として活動を継続している。新体制となった２０２２年には、「白川夜市」に加えて、街中でキャンプを行なう「白川野宿」を開始し、満員になるほど好評を得ている。以上の活動が評価され、２０２２年には「都市景観大賞（景観まちづくり活動・教育部門）」を受賞することができた。空間やデザインが評価されることももちろん嬉しいが、空間の整備がきっかけとなり、そこを舞台に展開している活動が評価されることもまた、とても嬉しいものである。

景観と防災

緑の区間の河川改修が大幅に遅れた要因は、１９８６年に出された河川改修計画に対する反対運動であった。そこでは、防災と景観が二者択一の問題として議論されていた。しかし本当にそれらは両立しない命題なのであろうか。自然災害の頻発するわが国においても、それは毎日のように起こるわけではない。模式的に示せば、1年のうちの1日、いわば365分の1の出来事である。たとえば1986年の改修計画のように、すべての樹木を伐採し、高い堤防をつくって、その他の365分の364を犠牲にするのは合理的とは言えないだろう。しかし、その365分の1への対策をないがしろにすると、災害が一度起こってしまえば365分の364の日常までもが台無しになってしまう。やはり、問われるべきは、両者をいかに両立するかということである。

一般に、洪水という自然災害を防ぐために堤防を建設するということは、いわば、自然環境と人間社会に一種の「切断線」を引くことに他ならない。しかし緑の区間において、この堤防は、日常的には木陰のベンチのように機能している。これは、本書のテーマとしている自然と人間の「インターフェース」の具体的な形の一つと考えることはできないだろうか。パラペットの形をした堤防だけではない。残地を活用した小広場は街と緑地を、アクセス性を高めた水際は水と人をつなぐインターフェースとなっているのである。つまり、防災と景観の両立という課題に対する緑の区間における解答は、自然と人間の「インターフェース」をつくるということであった。

一方、災害対策は、河川改修のようなハード整備だけでは不十分である。防災活動においては、自助・共助・公助ということがよく言われる。緑の区間の整備とは、30年確率の出水に対する治水整備と緑を保全したパブリックスペースを創出したことである。この治水整備は、まさに「公助」である。では、もう一方のパブリックスペース整備は防災活動と無縁であろうか。私は無縁ではないと考えたい。「白川夜市」の活動に明らかなように、良質なパブリックスペースは、活発な市民活動の舞台となる。このような交流は、「共助」にとって必要な基盤となるものであろう。一方、水際に設置されたブロックの上から水と戯れる子どもたちのように、このような「インターフェース」をとおして自然に触れる体験は、自然への意識（怖さも含めて）の涵養に必ずや役立つであろう。この意識こそが、どんな知識にもまして強力な「自助」の背景となっていくと考えている。

緑の区間の展開

先述したように、白川は２０１２年7月に発生した九州北部豪雨によって被害を受けた。幸運にも、すでに完成していたパラペットによって、この区間での被害は免れたのだが、私が勤務している熊本大学の上流では越水が生じてしまった。この水害は、私が初めて災害ボランティアに参加させてもらったものであったが、泥や匂い、暑さ、など、復旧や復興以前に、最も基本的な掃除の大変さを実感させてもらうことができた。曽木の滝分水路と同様、激甚災害対策特別緊急事業が採択され、国管理区間の龍神橋《りゅうじんばし》から小《お》磧橋《ぜきばし》の間の１・６㎞の堤防整備にも関わることとなった。もちろん、この区間についても語りたいことはたくさんあるが、紙面の都合上、曽木の滝分水路や緑の区間との関連で特徴的だと思うことについていくつか紹介したい。

まず一つ目は、初動の速さである。被災後の年末には最初の会合を開き、年が明けた２０１３年1月には、１・６㎞全体の考え方を熊本大学から提案している。まさに地元の災害であったため、当然と言えば当然であるが、曽木の滝分水路においては第一回の景観検討委員会が開かれるまでに1年3ヶ月ほどかかっており、5年という期間が決まっている激特事業において1日でも早く議論をスタートできたことの価値は大きかったと考えている。このようなスピード感をもって議論できたのは、緑の区間の取り組みにおいて、熊本河川国道事務所の方々との意識の共有や議論のチームがすでにできていたことが最も大きな要因である。

二つ目は、短期間かつ大規模なうえ、予算的な制約も考慮し、コンクリートやアスファルトなど、できるだけ一般の材料を使用しつつ、堤防のつくり方や素材感を工夫することによって、機能的な使い分けを行なったことである。しかし、発想や実現したいことは、緑の区間とも共通している。

若い方々にはなかなかピンときてもらえないのだが、私はいつも議論の中で、緑の区間は「ガンダム」、この激特区間は量産型の「ジム」なんだということを力説した（「機動戦士ガンダム」の例えなのだが、みなさまには伝わっているだろうか。主人公が乗っている1台だけのカッコいいロボットが「ガンダム」で、それをシンプルにして大量に出てくるロボットが「ジム」である）。ある程度、豊富に人材や資源を投入しつつ、その場所にしか実現しないスペシャルなデザイン（緑の区間＝ガンダム）と、汎用的な材料や方法を活用しながらも、ガンダムづくりで得た知見をフィードバックしつつ、優れた普通をつくるデザイン（激特区間＝量産型ジム）の対比である。暮らしの基盤をつくることが土木事業の使命だとすると、1台しかないスペシャルなガンダムをつくることより、良質で汎用的な量産型のジムをつくることのほうが価値があることかもしれない。

具体的には、コンクリートパラペットのプロポーションやディテール、仕上げ方をデザインすることで、5m幅員の管理用通路を、3m幅で自転車が通りやすいアスファルト部分と、川に近いパラペット沿いは、コンクリートを洗い出して砂利の素材感を出し、ゆっくり歩く気にさせる部分に分節する、堤防そのものは基本的に同一の断面形状、つくり方としつつも、周辺に生まれる残地を活用して多様な空間を創出する、などである。特に、1・6㎞連続するパラペットは、決めた一つの形が整備全体に展開するため、ちょっとしたディテールや施工の難易度など詳細に議論することが必要で、いくつかのモックアップ（実寸、実

写真19　街と川をつなぐ新しい空間として人で賑わう白川激特区間（増山晃太氏撮影）

素材の模型）を施工者に作成してもらい検討した。

私たちの研究室の研究員である増山晃太氏と九州建設コンサルタント㈱の宮崎浩三氏を中心に丁寧にデザインを取りまとめてもらった結果、熊本地震の影響で少し時間がかかったが２０２０年３月に竣工し、緑の区間と同様、その年のグッドデザイン賞をいただくことができた。一般に、川と日常の暮らしが乖離した都市部では、川は街の裏になっていて人々の意識が川に向くことが少ない。堤防整備は、その乖離を助長する危険性も高い一方で、川と街の間に誰もが楽しめる高い質の公共空間を創出することも可能とする。実際、この整備が完成した２０２０年３月以降、コロナ禍という状況もあり、今まで見ることのなかった多くの人が、川辺で散策したり憩う姿を多く見かけることができた（写真19）。

緑の区間の現在

緑の区間の整備は、未完成のまま、次の改修の議論が始まっている。先に示したように、緑の区間整備においては市民との合意がなかなか取れずに、河川法の改正によって、その当時の河川整備計画に基づいて暫定的に整備されたものである。暫定でいいのでとにかく整備を始めようという姿勢は、２０００年代初頭においては最善だったと思う。しかし、２０１２年の水害からの復旧によって、白川の緑の区間以外の部分の河川改修も大きく進捗した。先に示したように、私もその整備に協力している。

　その結果、熊本市の中心部に最も近い緑の区間の堤防の高さが上下流とくらべて約１・３ｍほど低くなってしまったのである。また、２０２０年１月には河川整備計画が改定され、基準地点（代継橋《よつぎばし》、緑の区間の下流）の洪水ピーク流量が２０００㎥／ｓから２４００㎥／ｓへと拡大することとなった。この状況に大きな不安を抱える周辺住民が、国土交通省に要望書を提出し、緑の区間における堤防嵩上げの議論がスタートすることとなったのである。

　２０１７年の九州北部豪雨、２０１８年の西日本豪雨、２０２０年７月に球磨川を襲った豪雨など、豪雨災害は激甚化の一途を辿っている現在において、住民の心配は当然である。しかし、ここで景観より防災が大事だと思考停止になってしまっては、今までの努力が無駄になるばかりか、防災にとって大切な自助、共助を育む貴重な場を失ってしまう。逆に、防災よりも景観と言っても同様であろう。より高いレベルで、防災と景観の両立を図らないといけないのである。

　そこで、今までと同様、「白川「緑の区間」整備検討会」を立ち上げ、地域住民とのワークショップなども行ないながら、嵩上げの計画を検討している（写真20）。以前と異なる点は、周辺住民だけではなく、Shirakawa Banksなど、緑の区間を活用している人々にも参加してもらったことである。その結果、堤防嵩上げが必要なことに疑いはないが、一方で、川への眺望や意識、緑地としての質、白川夜市の活動などは継続し、できれば改善していくことも合わせて確認され、多くの前向きな意見が出されている。

写真20　地域住民の方々と嵩上げ高さを現地で確認している様子

具体的に、少し驚いたことがある。堤防をすべて嵩上げし、その堤防を乗り越える階段やスロープをつけるというのが一般的な方法であるが、それだけでは日常的な利用に大きな支障が出る。そこで利用という点では、堤防のゲートをつける陸閘を設置したいのだが、誰が管理するのかという防災的な課題が発生する。そのためなかなか実現できないことが多いが、ここでは、地域の消防団の団長の「やるよ、やるよ（当然だろ?-）」という言葉をすぐに聞くことができ、白川夜市を開催している場所に2ヶ所設置することができたのである。

一般に市民の意見は行政への要望という形になることが多く、市民の主体性を引き出すことは難しい（本来、住民参加の目的は後者でもあるのに）。白川夜市を中心とした市民の活動が、そのような主体性を醸成していたのではないかと思う。また、防災という点でも、常に気にかけるポイントがあるということは、慢心しないという意味で価値があると思う。

防災か景観か、樹を残すか伐採するか、という二者択一的な議論からスタートした、以前の住民説明会とは全く異なる雰囲気で、議論が進んでいる。施設整備だけではなく、住民の活動や意識がともなった地域防災力の向上を目指して、また、大きなチャレンジが始まったと考えている。

第4章

コミュニティとともに――熊本地震からの復興

地震、そのとき

2016年の熊本地震から6年が経った。本章では、この6年間を振り返っていくが、まずは、6年前のあのとき、私はどういう経験をしたのかを思い出してみたい。なお、私の自宅は熊本市の東に位置しており、震源や被害の大きかった益城町とも近いところに住んでいる。ここに思い出す私の行動は、おそらく、あまり褒められたものではない。しかし自然災害が発生した際には、このような行動を起こしてしまうということを記録しておくことも、また意味のあることだと思っている。

前震：2016年4月14日（木）21時26分

ちょうど大学から帰宅し、車を停めて玄関に向かおうとしていた時であった。グラグラグラグラ、バリバリバリ。地面が、電柱が揺れ、私自身もよろめいた。こんな揺れは初めての経験だった。急いで家に入ると、家族は夕食が終わりかけだったらしく、長女は食べていたおかずを服に浴び、長男は本棚から落ちてきた本に埋もれたらしい。まずは無事でよかった。ただ、サッカークラブの練習に行っていた次男はまだ帰ってきていない。

とりあえず、家族で外に出て、妻と長女は次男の迎えに車で向かい、私はご近所の方々と、家の裏の少し広い駐車場に避難した。家も塀も電柱も、建っているものはすべて凶器に見えた。結局、家族が集まれたのは、1時間後ぐらいだっただろうか。余震が続くその間にも、動物園からライオンが逃げたなんていうデマがTwitterから流れてきたなんて長男が言ってたけど、ご苦労なことだと思う（とはいえ、そのときはちょっと信じてしまったが）。

家の中は足の踏み場もなく、次男と私は夕食もとれていないので、家のブレーカーを落とすなどの最低限のことだけして、とりあえず食事をとろうと、車で外に出た。幸運にも開いていた24時間スーパーで食料を買い込み、車の中でテレビを見ながら過ごした。なんとか落ち着いたのは、23時過ぎであった。

車で避難することは避けるべきだが、私たちが最も求めていたのは、家族5人と犬1匹が一緒にいることであった。実際、東日本大震災に関する調査では、避難時の自動車使用率は57％にのぼり、その理由は第一が「車で避難しないと間に合わないと思ったから」（34％）で、第二が「家族で避難しようと思ったから」（32％）であったらしい［＊1］。日が明けてから、さすがにくたびれて家に帰った。とはいえ余震も続いていたので、一緒にいること、すぐ逃げられることを優先して、玄関近くに家族5人分のスペースを確保し、やっと床についた。後に、この14日の地震が〝前震〟と呼ばれることになるとは、私たちはもちろん想像なんかしていなかった。

農文協出版案内

自然災害を考える本

2022.10

流域治水がひらく川と人との関係

嘉田由紀子 編著

「自然災害と土木ーデザイン」 978-4-540-22183-5

価格は2022年9月現在の定価（税込）です。

河川工学者三代は川をどう見てきたのか

篠原修 著

978-4-540-18140-5

●3850円

歴史的現場的に川を見続けてきた河川工学者三代＝安藝皎一、高橋裕、大熊孝。彼らの生涯を描くとともに、近代河川行政の目標と到達点を探り、環境・景観・自治の河川を展望する。川に関心をもつすべての人必読の書。

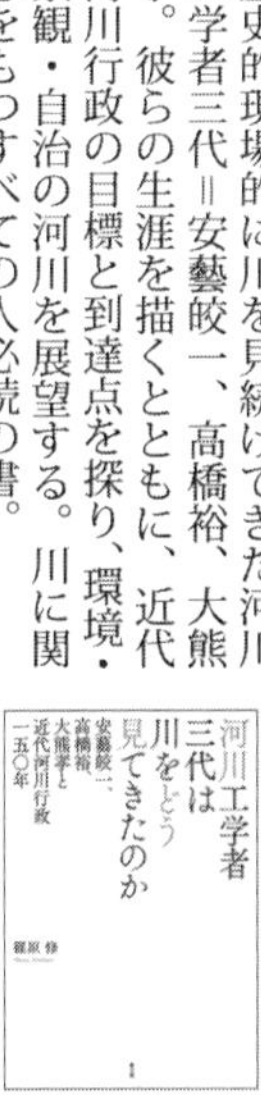

洪水と水害をとらえなおす

自然観の転換と川との共生

大熊孝 著

978-4-540-20139-4

●2970円

河川工学の泰斗が、日本人の伝統的な自然観に迫りつつ、今日頻発する水害の実態と今後の治水のあり方について論じ、ローカルな自然に根ざした自然観の再生と川との共生を展望する。大熊河川工学集大成の書。

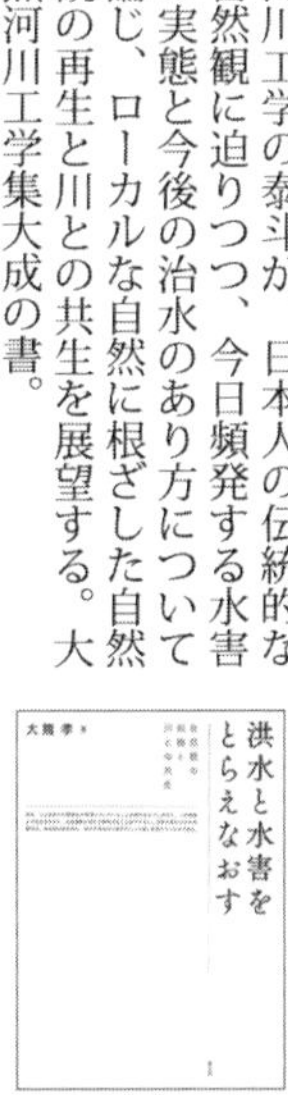

流域治水がひらく川と人との関係

2020年球磨川水害の経験に学ぶ

嘉田由紀子 編著

978-4-540-21216-1

●2420円

2020年7月4日九州で球磨川水害が発生、50名もの方が亡くなった。被災者の生死を分けたのは何か？　被害を大きくした原因は何なのか？　水害被害調査をもとに、気候危機時代の「流域治水」を展望する。

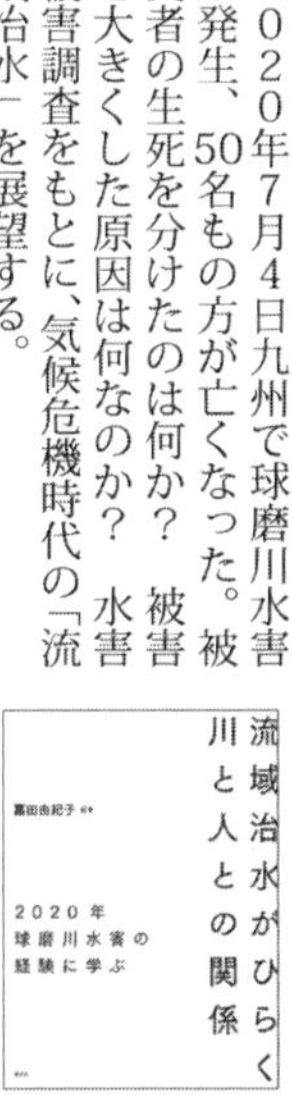

生活世界の環境学

琵琶湖からのメッセージ

嘉田由紀子 著

石けんは水質汚染の免罪符たりうるか？蛍が好きなら蚊も我慢できるか？近代技術主義、自然環境主義をこえる生活環境主義の立場に立ち、その地に住む人と水の関わりの総体か

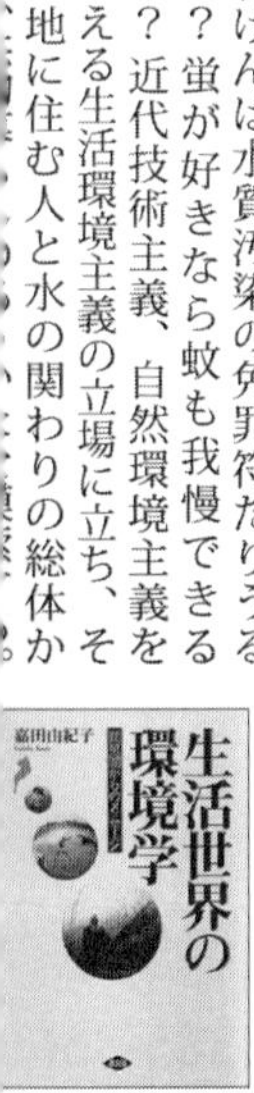

内山節著作集6

自然と人間の哲学

内山節 著

978-4-540-14130-0

●3190円

然と人間、そこでの労働の意味を問い直さなければならないと、現代における自然哲学の構築を目指した作品。ほかにそのベースになった論文「自然哲学・ノート」を収録。

内山節著作集2

山里の釣りから

内山節 著

978-4-540-14126-3

●3190円

川を水問題ではなく「流れの思想」からとらえ、山里の労働と暮らしを「労働の二面性」からとらえる。その後の諸著作の出発点となった記念碑的作品。ほかに「岩魚が老いる」など釣りにかかわるエッセイ5編を収録する。

日本人は災害からどう復興したか

江戸時代の災害記録にみる「村の力」

渡辺尚志 著

978-4-540-12139-5

●2200円

江戸時代の自然災害で被災した村の復興の原動力を、当時の災害記録から読み解く。津波・洪水・飢饉・噴火・地震を災害記録で追体験しながら、困難な復興のなかで鍛えられていく村の百姓たちの力をわかりやすく解説。

日本農書全集67 災害と復興2

大水記／水損難渋大平記／洪水心得方／凶年違作日記／享保十七年壬子大変記／年代記

佐藤常雄ほか 編、奥山友山ほか 著

978-4-540-98001-5

●6285円

洪水と飢饉の当事者が、村民相互の助け合い、隣村や藩・幕府による救援の様子、年貢軽減の交渉、救荒食物のいろいろ、復興事業の実際などをリアルにルポ。現代に生きるわれわれへの貴重なメッセージ。

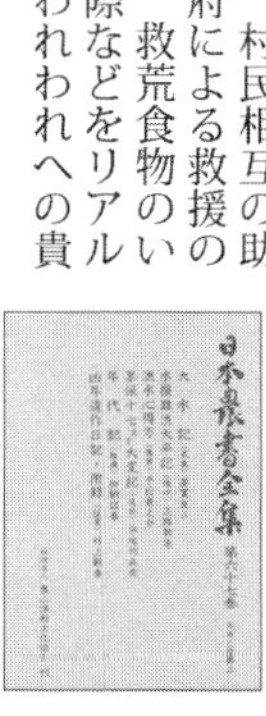

本震：2016年4月16日（土）1時25分

〝前震〟の翌日の金曜日のことは正直にいうとあまりよく覚えていない。たぶん、普通に出勤し、あらためて学生の安否を確認し、大学への報告、部屋の片付けやメールのやりとりなどをして、まあ普通に帰宅したんじゃないかと思う。帰宅すると、家の片付けに追われていた家族は全員ぐったり。夕飯をつくる気力はないということで、外食に出かけたのだが、当然ながら開いているお店は少なく、やっと入ったファミリーレストランで、当日だけの限定メニュー（特別というのではなく、それしかつくれないということだった）をいただいたことは覚えている（なにせ、その後、まともな食事にありつけたのはどれくらい先だったろうか）。

風呂にも入り、「もう、大きな余震もおさまるといいねえ」などと家族と話しながら、昨晩と同じように床についた。なんとなく、寝ついたような気になった、そのとき。バキバキバキ!!! と大きな音と長い揺れ。気を抜きかけたときに襲う、より大きな災害。これほど、怖いものはない。その瞬間は、寝ぼけた頭には、なんだこれは？ いつ終わるんだ?? という思いしか浮かんでこなかった。家族を起こして、全員でとにかく外に出る。これが余震?? 昨日とはくらべものにならないくらいでかいぞ。後に、14日の地震を前震、この地震を本震とするということを聞いて、なんだよそれ、とちょっと騙されたような気持ちになったものである。

＊1 東北地方太平洋沖地震を教訓とした地震・津波対策に関する専門調査会 第9回会合資料、平成23年東日本大震災における 避難行動等に関する面接調査（住民）分析結果（再追加分）、https://www.bousai.go.jp/kaigirep/chousakai/tohokukyokun/9/pdf/2.pdf

私たち家族は家の前で少し落ち着いてから、また車で動こうとしたが、今回は近所の塀も崩れていて動けない。強引に行こうとした車はパンクしたらしい。このとき、私の行動は内心とは違ってのんびりしたものだったらしく、一度車に乗ろうとして煙草を忘れたことに気づいて取りに帰ったら、妻や娘が激怒していた（今でもよく言われる）。

私は、農地が無計画に住宅地化していった郊外に住んでいるので、周辺の道は狭い。困った。この間に、学生の無事を確認しつつ、また家の前で待機。30分か1時間後だろうか、ありがたいことに塀の崩れた家の住人の方が片付けてくれて、通れるようになった。そこで家族一緒に広いところに行こうと車で移動したが、近所のスーパーの駐車場はすでに満杯。行政に近いところがいいだろうと、区役所前の広い道路に多くの車とともに路上駐車した。余震が続く中、なんとか人心地ついたのは、夜も明けた朝6時くらいだったろうか。その後は、次男が卒業したばかりの小学校が避難所となっていたので、そのグラウンドに車を停めた。

避難場所の小学校では、教頭先生が中心となって避難所を仕切っていたので、まずは私も、専門家ぶって張り切るのではなく（実際、私の行動を見てもわかるように防災に関しては全く素人だし）、きちんと避難者をやろうと思い、駐車場係などの手伝いをしながら過ごした。水が止まっていたことが最大の問題であった。自衛隊の給水車が私たちが避難する小学校に来てくれたのは、4月16日の19時を過ぎていたと思う（写真1）。そしてその夜は、そのグラウンドで車中泊。グラウンドの照明が明るすぎて、ほとんど眠れなかった。

熊本地震では車中泊の多さが話題になったが、2016年の8月から9月にかけて熊本県が行なったアンケート（インターネット調査：有効回収2204件、郵送調査：有効回収1177件（配布数2000件））［＊2］では、避難した2297人（67・9％）のうち、最も長く避難した場所は、自動車の中が1083人で最も多く、

写真1　自衛隊の給水車が初めて来てくれたときの様子。熊本地震では、車中避難が多かった

避難者の47・2%にのぼった（その次は指定避難場所で、避難者16・8%）。1ヶ月以上の長期避難者においても、車中泊の割合は親戚・知人宅（38・1%）に次いで高く、31・7%であった。自動車の駐車場所は、避難所の駐車場よりも自宅駐車場や周辺の道路のほうが多かったらしい。自動車に避難していた理由（複数回答可）は、「余震が続き、車がいちばん安全と思った」が最も多く79・1%、次が、「プライバシーの問題により、避難所より車のほうがよいと思った」が35・1%であった。実際私たち家族も、犬がいたため、車中泊以外の選択肢はなかった。

とはいっても、私はたった一晩しかもたなかった。家で寝ることをまだまだ怖がっていた妻と娘と相談し（実際は、たとえ1人でも家に帰ると私が駄々をこねたようなものなのだが）、翌17日の日曜日の夜は、人吉市近くに住む杉野さん（第3章で紹介した石工さん）の家にお世話になり、その後は犬と下の息子2人を預けることとなった。余震を感じない場所で、ゆっくりと温泉に入り、手足を伸ばして、ぐっすり眠ること。なんと幸せなことなのだろうと、しみじみ思ったものである。

熊本地震

さてここで、熊本地震の概要をまとめておこう[＊3]。

熊本地震の最大の特徴は、最大震度7という大きな地震が二度、同一地域内に短期間のうちに起こったことである。14日の前震は、マグニチュードM6・5、最大震度は益城町で震度7、一方16日の本震は、マグニチュードM7・3、最大震度は益城町と西原村で震度7であった。私が在住する熊本市東区では前震が震度6弱で本震が震度6強。同じ震度の強弱が違うだけだが、体感的には全く異なるものであった。活断層が動く内陸型の地震で、前震は日奈久断層帯の活動、本震が布田川断層帯の活動といわれている。国の地震調査研究推進本部地震調査委員会によると、熊本地震前における布田川断層帯による地震発生確率は、0~0・9%と「やや高い」という評価だったらしい。自然災害は、いつどこでも起こると頭ではわかっていたはずだったが、まさか自分が住む熊本で、というのが偽らざる実感であった。また、この2つの地震に加えて、怖く、ストレスでもあったのが余震の多さであった。最大震度5弱以上の地震が、2016年中に熊本県で22件も観測されており、特に発災後15日間で震度1以上が2959回も発生している。頻繁に携帯を鳴らす緊急地震速報の音に、最初はいちいちびっくりしていたが、少しずつ慣れていったことを覚えている。

一方、被害をみると、人的被害としては、直接死50人、災害関連死218人、同年6月の豪雨災害による死者（地震によって緩んだ地盤に基づく土砂災害）が5人である。また家屋被害は、全壊8000棟以上、半壊3万2000棟以上、一部損壊13万8000棟以上、全体で20万棟近くの被害が出た。避難者は最大で熊本県人口の約1割、18万人以上となった。また仮設住宅の建設は、最大で20万戸以上、4万7800人が入居し、震災から6年経った2022年1月においては、46戸118人が仮設暮らしを続けている。その他の物的被害としては、熊本城の石垣崩落や阿蘇神社楼門の倒壊、第1章でも紹介した阿蘇大橋の落橋などがよく知られており、庁舎も、益城町、大津町、宇土市、八代市、人吉市で使用不能なものとなっている。災害の規模にくらべて、幸いにも人的被害が少なかったのも熊本地震の特徴の一つといえるだろう。

＊2　熊本県知事公室危機管理防災課、平成28年熊本地震に関する県民アンケート調査　結果報告書、2017年3月13日
＊3　熊本県教育庁、熊本地震の対応に関する検証報告書、2018年3月

これは2つの大地震がともに夜間から深夜にかけて起き、観光地やホール、病院、行政施設など、人が多く集まるところで被災しなかったことや火災もほとんど生じなかったことが要因である。

地震とオープンスペース

私の避難時の経験でも強く実感したが、自然災害時において、都市や住宅地では空地やオープンスペースの価値は非常に高い。また、その価値は災害発生からの時間の経過にともなって動的に変化していく。ここでは、熊本地震前より計画が進行していて、地震後は「熊本市震災復興計画」において、復興重点プロジェクトの一つに位置づけられた、熊本市中心部の桜町・花畑地区のオープンスペースを事例に考察してみたい。なお計画を議論している桜町・花畑周辺地区まちづくりマネジメント検討委員会（蓑茂寿太郎委員長）および専門部会（田中智之部会長）には、メンバーとして私も参加している

桜町・花畑地区は、およそ幅27m×長さ230mの道路を廃道し広場とする空間を中心に、これに面する街区によって構成されている。当地区は、江戸期に国許屋敷と定められ、政務の中心であった花畑屋敷があり、かつては日常的に藩主とその家臣たちが熊本城との間を行き来する〝お城と庭続き〟のような関係にあった。また明治期以降は、花畑屋敷は歩兵一三連隊の駐屯地となっていたが、市電の敷設、上水道の整備と並ぶ大正期の三大事業の一つとして駐屯地を移転させ、百貨店の新設などにより、熊本市の商業・業務中心地として発展、1964年の東京五輪聖火イベントや展示会場など市民にとってのハレの場として利用されてきた。そのため、広場化にあたっては、こうした地区特性を活かしたまちづくりが求められた。

上述の委員会で策定された基本構想において、デザインコンセプトを「熊本城と庭つづき『まちの大広間』」とし、熊本城との連続性を重視しつつも、多くの市民が集える場を創出することを目指している。特に、中心の「シンボルプロムナード」を廃道して中心の広間とし、再開発、ＮＴＴやＮＨＫの建物、花畑公園や産業文化会館跡地、辛島公園などのオープンスペースが、広間に隣接する部屋となって、それらが連携したり独立したりしつつ、多様なアクティビティを創出、受容する場となる。２０２１年11月に竣工し、公募によって「花畑広場」と名付けられた（写真２）。

ここでは、震災前から、産業文化会館跡地に仮設的にしつらえられていたオープンスペース（「（仮称）

写真２　完成した花畑広場（第38回全国都市緑化くまもとフェアの様子）

花畑広場」と名付けられていた。「花畑広場」という正式名称は公募に基づくものだが、この仮称が自然に市民権を得ていった結果だとも言える）を中心に、空地利用の時間変化（ダイナミズム）を論じていきたい。結論から言えば、地震等の災害時には、被災直後の避難時から復旧、復興に至るプロセスにおいて、オープンスペースの利用は、「自然発生的」、「必然的」、「価値創造的」、「多層的・多義的」の四つの段階を経るのではないかと考えている（図1）。

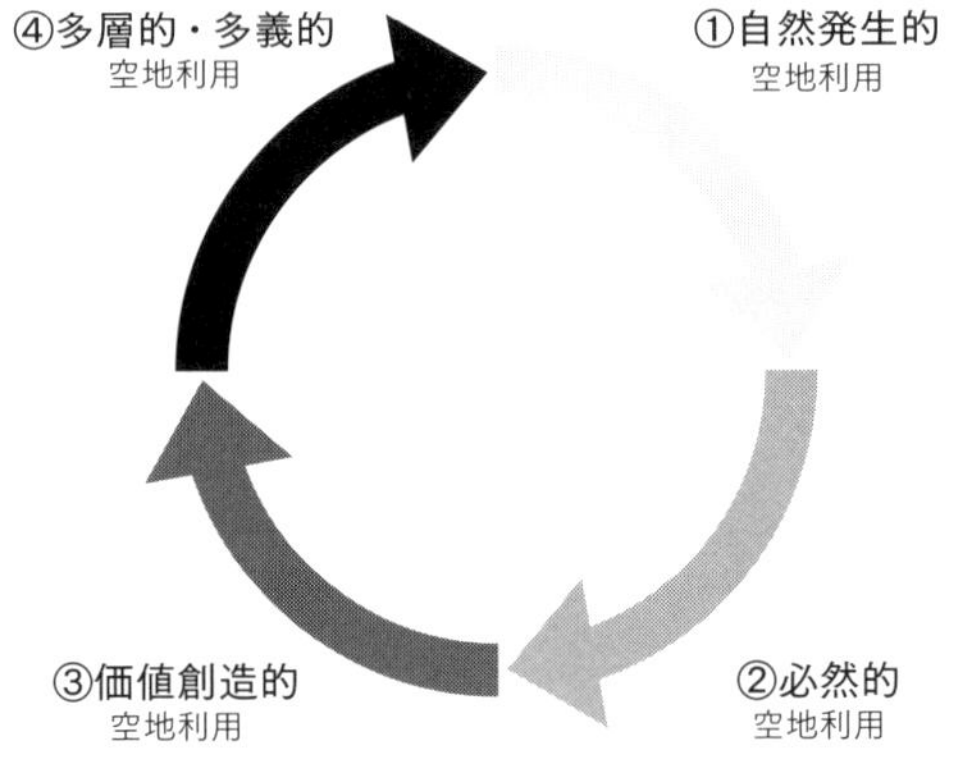

図1　オープンスペース利用のダイナミズム

◎自然発生的空地利用

これは、被災時から数日間の避難時におけるオープンスペースの利用であり、やむにやまれず、自然発生的、本能的に生まれる利用の仕方である。筆者の避難行動を整理すると、前震時は自宅前の道路に近所の家族と集いつつ、瓦の落下や電柱の倒壊を避けるために、近隣の集合駐車場に移動した。通常は無味乾燥な駐車場が、このときは私たちに安心を与える場と変化したのである。街中では、広場や公園等が、このような場として機能したようである。（仮称）花畑広場は、4月14日より球磨焼酎のイベントが開催されており、前震時にはイベントは終わっていたが、イベント用のテーブルや椅子などが避難者によって活用されていた（写真3）。

◎必然的空地利用

被災後、数日から数ヶ月にわたる時期に発生する利活用である。筆者の経験に即していえば、まずは小学校のグラウンドでの車中泊がこれにあたるだろう（すぐ音を上げてしまったが）。また、住宅地周辺でいえば、この時期、街角がゴミであふれた。これらの利用は、上記のほぼ本能に基づくような「自然発生的」にくらべ、意図的・意識的な利用であるため、区別する必要があると考えている。（仮称）花畑広場では、少し時期が下るが、5月22日から6月30日まで、数多くのテントを設置して、熊本市のボランティアセンターとして活用されることとなった。これはまさに、多くの人が集える広場としての空間特性と、中心市街地にあるとともに市電の停留所に隣接している立地特性を活かした「必然的空地利用」といえるだろう（写真4）。

◎価値創造的空地利用

次の段階は、避難生活も落ち着き、復旧作業が本格化する時期である。この段階を「価値創造的」と名付けたのは、上述の「自然発生的」、「必然的」のような避難や応急的な復旧などと不可分なオープンスペースの利用とは異なり、復旧や復興という主活動に対して、補完的あるいは相補的な利用が生まれていると考えるからである。（仮称）花畑広場では、ボランティアセンター以後、7月〜9月の広場の稼働率（イベント開催率）は平日1割、休日6割程度であったそうだが、10月には平日休日ともに7割を超える稼働率となった。それらのイベントは、「復興」の二文字が冠されることも多い。

ここで（仮称）花畑広場に関して、Google Map の口コミに投稿されたコメントを紹介したい。「熊本の元気、ここから始まる。と、いうのは大げさかも知れないですが、熊本城のふもと、活気ある商店街の入

写真3　前震直後の（仮称）花畑広場の様子（熊本市提供）

写真4　ボランティアセンターとして活用される（仮称）花畑広場（熊本市提供）

写真5　復興を目指すイベント（2016年11月）

り口とも言える場所です」。これは、まさに「価値創造的」なオープンスペースの利用の場として機能している、あるいは少なくとも期待されていることを端的に示していると思う。（仮称）花畑広場に限らず、熊本城公園や白川河川敷でも多くのイベントが開催され、数多くの人で賑わっていたが、上記の「自然発生的」、「必然的」な空地利用を経験することによって、市民の公的空間活用のリテラシーが高まっているのではないかと考えるのは大げさすぎるであろうか（写真5）。

◎多層的・多義的空地利用

そして最終的に、いわゆる「復興」と呼ぶべき段階がある。この段階では街に活力を与えていく「価値創造的」空地利用を恒常化していくことが求められるのではないかと考えられるが、一体それは、どのようなオープンスペースの利用なのであろうか。私は、この段階を「多層的・多義的」空地利用と名付けたい。

熊本地震以降、花畑広場を含む桜町・花畑地区の再開発事業に対して、施設や機能、使い方を再検討する議論が行なわれた。その検討をとおして、再開発ビルにおける備蓄容量の増強や医療モールと連携した負傷者対応、周辺に立地するＮＴＴやＮＨＫとの連携による災害情報の集約および提供などの機能強化や、国際交流会館や国立病院なども含めた、より広域的なエリアで、防災を一つの目的としたエリアマネジメントの模索などが行なわれることとなった（図2）。

これらの議論をとおして重要なキーワードとなったのが「場面転換」という言葉であった。これは「まちの大広間」というデザインコンセプトから導かれた言葉である。すなわち、非常時には、早急にその必要に応じた空間に変換させるとともに、復旧にあたっても、できるだけ早く、日常の賑わい、暮らしを体感できる場所に戻そうというものである。

熊本地震を経た私たちは、おそらくもう二度と、被災前のように安穏とした風景の中で暮らすことはできないかもしれない。大災害は、いつでもどこでも潜んでいるのだから。しかし、風景の奥に潜む危険を、むしろ積極的に主題化し、機能化することで、「多層的・多義的」な場を創出し、しなやかな「場面転換」によって対応することができれば、私たちの暮らしはより本質的な豊かさを享受することができるのではないだろうか。

ましきラボ

さてここから、熊本地震からの復興に向けて行なっている活動について、具体的に紹介していきたい。私たちは、最も被害が大きかった益城町にサテライトラボとして「熊本大学ましきラボ（ましきラボ）」を設置し（2016年10月19日開所）、現在でも活動中である（写真6）。設置の目的は、持続可能なコミュニティ

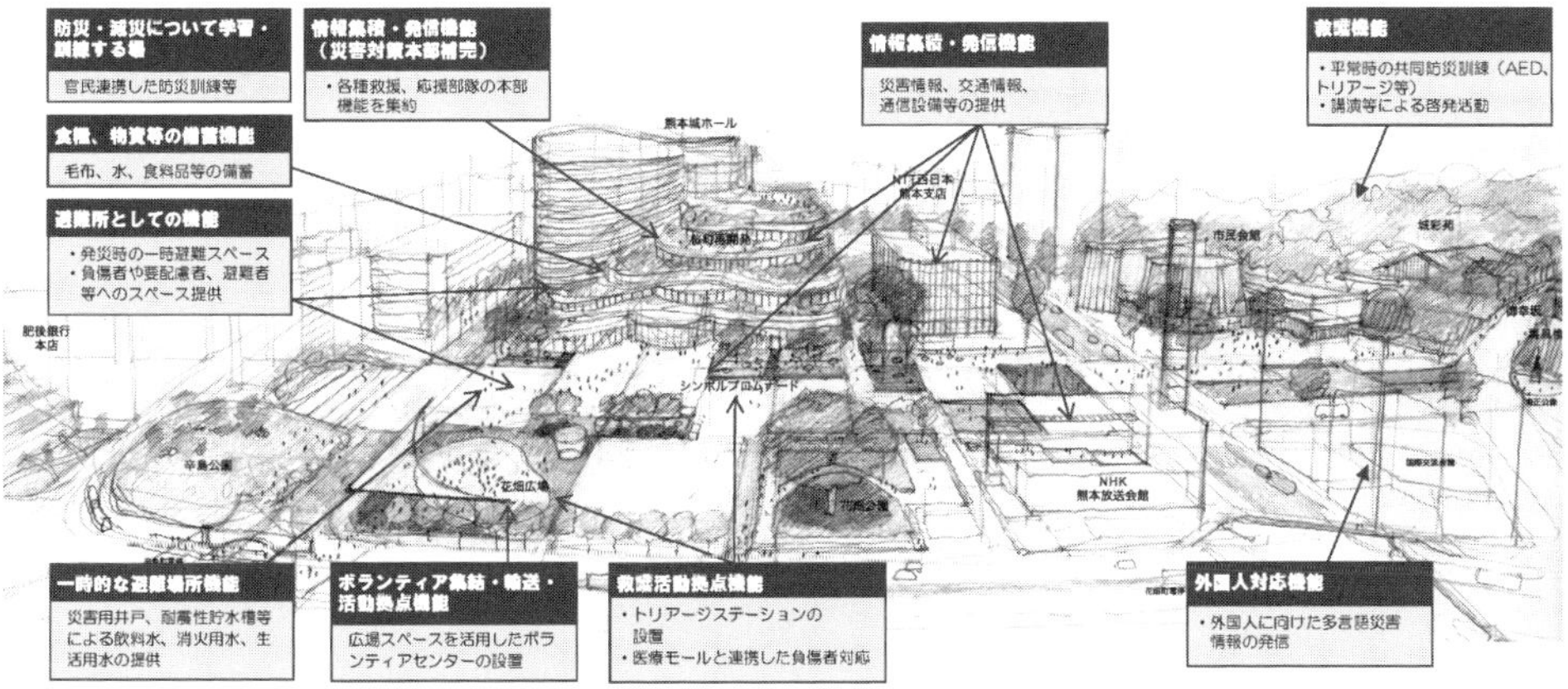

図2　桜町・花畑地区におけるエリア防災の考え方（第11回桜町・花畑周辺地区まちづくりマネジメント検討委員会資料より）

写真6　ましきラボ

を創出・支援する場として、早く復興を実現したい行政と、思いや希望を伝えたい住民の橋渡しをする役割を担い、集いの場の創出、復興計画の立案や実施のサポート、そして広く情報発信を行なうことである。幸運にも2020年には、大学が行なう地域連携の先駆的な活動として評価され、自治体学会賞田村明まちづくり賞を受賞させていただくこととなった。

被災地の風景

大きな災害が起こると、調査や援助、提案など、さまざまな目的をもって多くの研究者が被災地へ向かう。当然、私たち熊本大学も、地元の大学として地震直後から動いていた。当時のメールを見直すと、柿本竜治教授の声かけのもと、本震から2日後の4月18日の月曜日には、土木計画系の教員が集まり、何ができるかの議論を行なっている。翌19日に私は、田中尚人准教授、増山晃太研究員とともに初めて益城町の調査に入った（防災系の教員は、前震翌日の4月15日から調査に入っていた）。車では走れないところが多いと思い、自転車で走り回った。グシャッと潰れた建物、ガタガタに割れた道路、ガラガラと崩れた擁壁。あるいは、道端に積み上げられた災害ゴミの多さ。私たちは、なんと多くの脆い人工物に囲まれて暮らしているのだろうか。3人の口数は、どんどんと少なくなっていった。

そんな調査の中でも、ほっとした風景が二つあった。一つは、益城町市街の南端を流れる秋津川の風景。多自然型に再整備された川は、緑に覆われた土手と桜並木が続いていた（写真7）。土でつくられたものの柔らかさと強さを強く感じさせてくれた。ただ、第1章にも書いたように、この安堵感は数日後に訪れた「数鹿流崩れ」によって、地面そのものが壊れるのが地震なのだと、大きく揺さぶられることとなるのだ

写真7　地震直後（2016年4月19日）の秋津川の風景

が。

もう一つは、ほぼすべての家屋が潰れ、廃墟のような街中で見た張り紙である。そこには、40年間飲料水として使用してきた地下水が湧き続けていること、それを自由に使ってよいと書いてあった。困ったときは助け合おうという気持ちとともに、自然は決して怖いものだけではなく、恵みをもたらすものでもあることを実感した。

熊本地震においては、水道の復旧に時間がかかったことが被災者として最も困ったことであったが、一方で、熊本市はその水道が100％地下水でまかなわれていることからわかるように、地下水が豊富である。学生と卒業研究として調べたところ、熊本市や益城町などにおいて、多くの湧水が飲料水や生活水として、被災者の暮らしを支えていた。そのいくつかは、水道が復旧された後も、地震前にくらべて利用者が増えたそうである。土木のデザインにおいては、私たちを支える大きくて普段は見えにくいもの（自然や社会のシステムなど）を、私たちが実感するきっかけのようなものをいかにデザインするかが大切だと私は考えているが、自然災害は強引にそのことを実感させてくれるものであるといえるだろう。

このような調査を続けていきながら、地元の大学としてできることは何かと、さまざまな人たちと議論しながら模索していった。熊本大学は平成28年熊本地震に対して、発災から2ヶ月後の6月14日には、学長、副学長および、後にましきラボのリーダーとなる柿本竜治教授を統轄とし、8つのプロジェクトからなる「熊本復興支援プロジェクト」を立ち上げることとなった。これは、地域の声をもとに、研究者の発意による復興プロジェクトを再編集するもので、水環境、阿蘇自然災害、被災文化財、産業復興、地域医療支援、ボランティア活動支援、プロジェクト技術支援、震災復興デザインのプロジェクトによって構成されていた。

このうち、震災復興デザインプロジェクトの中核をなす活動として、ましきラボを位置づけた。もちろん、学内においても順調に決定されたわけではなく、実現性や実効性などについて不安も大きかった。しかし、さまざまな先生方の協力と、私も含めたラボメンバーとなる先生方のこれまでの社会貢献の実績が後押しとなった。

ラボの場所

一方、熊本地震において最も被害が大きかった益城町と私たちとの関係は、大学のプロジェクト以前から始まっていた。私たちがラボを設置するほど町と深く関わるようになったきっかけは、ラボメンバーの一人である円山琢也准教授（当時）が、益城町へ長期支援に来た内閣府職員と大学の同級生だった縁もあり、5月3日には益城町避難所対策チームに入ったことである。

益城町の活動を円山准教授とともに支援しながら、継続的かつ長期的に益城町を支援していくためには、まず被災地とともにあり続けるという私たち熊本大学の姿勢を、わかりやすく明確に表わす必要があると考えた。それには具体的な拠点をつくることがいちばんだと。ではどこにつくるか。5月末には、円山准教授とともに探しはじめた。

一つの考え方としては、被災地の中心、復旧の最前線、つまりはプロのボランティアの方々がすでに拠点を築いているような場所である。大学のやる気のようなもの、あるいは存在感みたいなものを強くアピールするにはよいかもしれないが、そのような短期的な支援が私たちの目的ではなかった。私たちはもっと息の長い、のんびりとした支援、寄り添うと表現するのが適切な支援が、私たちだからこそできることではないかと考えていた。

そこで思い出されたのは、震災から数日後に見た秋津川の風景であった。加えて、その後に出会った風景も印象的だった。この川は、益城町が秋津川河川公園として活用している。5月中旬だったと思うが、その駐車場でキーボードを弾いている中年男性がいたのである。おそらく、避難所で暮らしている方だろう。ヘッドホンをしていたので、音は聞こえず、黙々と練習しているだけのようだ。しかし、ああ、被災地にはこんな場所が必要なんだ、現実から少し距離をとって自分らしくいられる場所が、と感じさせてくれる風景であった。このような場所こそ、私たちの活動にあっているのではないか。

その後、6月に入って、建築学科の田中智之准教授（当時）にも視察してもらい、秋津川河川公園に拠点を設置することに決めた。田中智之准教授は、熊本駅周辺や先に紹介した桜町・花畑地区でも協働している建築家で、地震後は、坂茂氏が主導する避難所の間仕切り設置をサポートしていた。彼は、2つのコンテナをL字に配置し、コンテナに囲まれた空間に配したウッドデッキを介して、秋津川の風景、豊かな

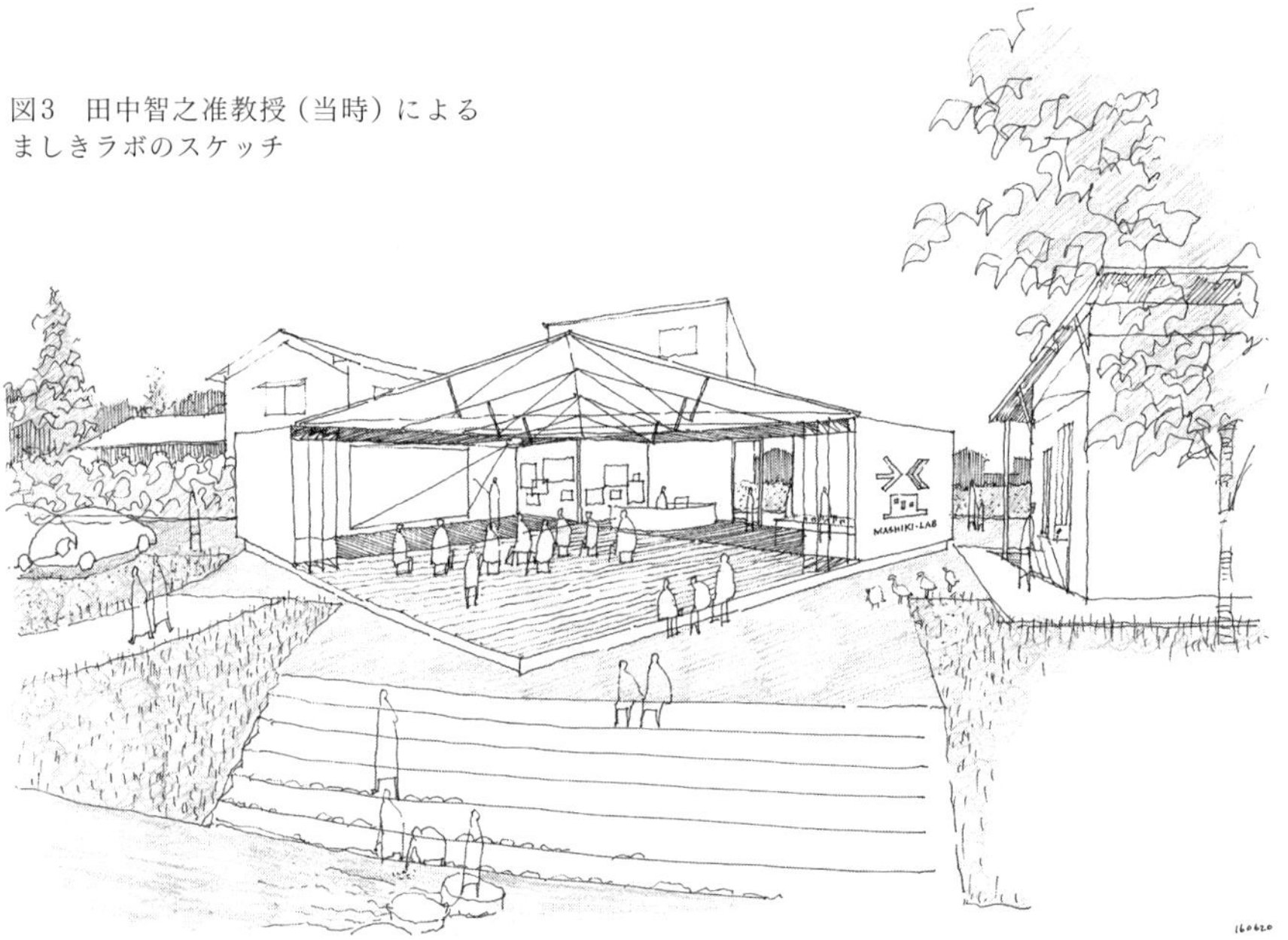

図3　田中智之准教授（当時）による
ましきラボのスケッチ

桜並木と接続する建築を設計してくれた（図3）。

設計はもちろんボランティアであったが、この視察のときはとても暑く、コンビニで買ってあげたアイスが（長いつきあいで初めてだと彼は言っていたが）、辛うじてデザインフィーといえるかもしれない。なお、ましきラボのロゴは、町木である梅を象った益城町の町章をベースとしているが、これは崇城大学芸術学部の飯田晴彦准教授（当時）にお願いした。これも全くのご好意、ボランティアであり、本当に多くの方々の協力によって、ましきラボは実現したんだと思う。

なお、この秋津川河川公園へのラボの設置は、益城町の復興を考えるうえで非常に重要であったと後に理解することとなった。設立時の立地場所の理由は、上述したとおりであるが、益城町に拠点をつくり、復興の多くの事業に関わり、さまざまな人々と議論していって気づいたことは、益城町では二つの復興を行なわなければならないということである。つまり、熊本市の郊外住宅地としての市街部の復興と、それ以外の中山間地ともいえるような集落部の復興である。この二つは、根本的に抱える問題も復興のあり方も異なる。よって、益城町の復興の難しさは、小さな自治体であるにもかかわらず、二つの復興を同時に行なわないといけないということにあった。

市街部では、道路拡幅や区画整理など多くの公共事業が行なわれるが、それらを住民にとって本当に意味のある事業にしていくことが重要である。一方、集落部では、避難地整備や一部道路の拡幅なども行なわれるが公共事業は多くはなく、それ以上に、震災によって誤魔化しが効かなくなった人口減少などの課題をどう解決するかということのほうが本質的である。

益城町の人々は自分たちが暮らす地域への愛着がとても強い。震災後、益城町では市街部で9つの、集落部で14のまちづくり協議会が設立された。人口3万人の町で、23もの地区にまちづくり協議会がつくられたのは、その愛着の故であるだろう。しかしもし、市街部の真ん中にましきラボがあったなら、集落部の方々が気楽に訪れてくれただろうか。秋津川という、市街部と集落部の境界に位置していたからこそ、益城町全体からさまざまな悩みや思いを抱えて、訪れてくれたのではないかと私は考えている。

ラボの活動

以上の活動を続ける中、5月に入って益城町役場の中に復興課が設置されるとすぐ、復興課から熊本大学へ、拠点施設の設置の要望が出され、7月6日に策定された「益城町震災復興基本方針」では、ましきラボは体制の一部として明記されている。熊本大学の「震災復興支援プロジェクト」および益城町の基本方針によって、大学と町から正式にお墨付きを得たこととなる。ましきラボと益城町との関係は、12月22日に策定された「益城町震災復興計画」でも同様に位置づけられ、さらに2017年4月には、熊本大学と益城町の包括連携協定に発展している。

ラボの整備に関しては、その後、建築の設計や各種の認可を進めるとともに、円山准教授を中心とした仮設住宅の全戸聞き取り調査や復興計画に関する住民意見交換会への参加などを行なっていき、震災から半年後の10月19日に開所することができた。ラボのメンバーは、先述した柿本竜治教授（都市計画）、円山琢也准教授（交通計画）、田中智之准教授（建築設計）と私（景観デザイン）に加えて、田中尚人准教授（まちづくり）、竹内裕希子准教授（防災教育）、および、吉海雄大（田中智之研究室博士課程）を中心とした、それぞれの研究室の学生たちであった。ましきラボで行なっている活動は、二つに大きく分けられる。一つは毎週行なうオープンラボであり、もう一つはさまざまな場所で行なうイベントである。

オープンラボ

オープンラボとは、土曜日の14時から17時まで、教員が最低でも1名、学生数名とともに、ましきラボに待機し、来所された住民等と自由に意見交換を行なう活動であり、2016年10月22日の第一回から、コロナ感染予防の中断を挟みながら、2022年6月現在、総計180回、来所者総数は800名を超えている。開所当初は、「そもそもラボってなんなの？　カタカナはわからん」というましきラボに関する質問や「益城に家を再建して大丈夫なのか」など、暮らしの再建に直結した話題も多かった。

しかし、大学の教員として最も嬉しかったのは、来所された老夫婦の、「そもそもなんで地震が起こるの？」という質問であった。彼らは、こんな体験をしたのだから、むしろこれをよいきっかけとして学びたいというのである。自然災害は今まで気にもしていなかったことを強引に私たちに気づかせてくれる。本来、そのような気づきや驚きこそ、学びの原点であろうし、その学びを提供することは大学の大きな役割である。

こう書くと、何を当たり前なことを、と思われるかもしれないが、何か知識などを町民に押し付けるような活動をしたくなかった私たちにとっては、勇気づけられる言葉であった。そこで、大学の知見をそのまま提供するような勉強会もやろうと企画し、２０１６年12月３日に熊本大学理学部の長谷川利昭教授にお願いして、「赤井火山と布田川断層帯のひみつ」という勉強会を開催した。その後は、復興計画に関する勉強会や卒業研究の発表会なども行なっている。

また開所当初で印象的だったことは、学生の大切さであった。ましきラボが開所した２０１６年10月というのは震災から半年という時点であったが、この頃は、まだ家屋の解体や転居などが済んでいない住居もあり、多くの住民が仮設住宅などから集まっている時期でもあった。具体的にみてみる［＊4］と、益城町では公費解体が２３１１件、自費解体が１３４６件にものぼり、公費解体は２０１６年７月にスタートし、２０１８年３月までかかっている。ましきラボが開所した２０１６年10月は、増加の一途を辿る廃棄物によって、益城町の仮置き場が手狭になり、熊本県が共同の仮置き場を空港近くに設置した時期である。また、仮設住宅の状況をみると、益城町全体で18団地１５６２戸、集落部の赤井団地（35戸）と熊本市にも近い広崎団地（53戸）が６月14日に開所し、最後の開所が福富団地（６戸）の11月16日であった。ましき

＊4　熊本県益城町、平成28年熊本地震　益城町震災記録誌、令和２年４月

ラボが位置する木山地区の仮設住宅は、木山団地（220戸）が8月9日、木山上辻団地（64戸）が10月19日に開所した。

仮設住宅から自宅の片付けに通う彼らが散歩や息抜きに秋津川を訪れ、私たち、特に学生と立ち話をする。そんな風景も開所当初は多くあった。毎週のようにオープンラボに参加していた女子学生とのおしゃべりを楽しみにしていた方もおり、稀にその学生が欠席したときなど、その方が寂しそうに帰っていったこともあった。秋津川の風景と若い学生との語らい。ましきラボ設立時に抱いていた、震災と距離をとりながらのんびりと町の未来を考えるというイメージにとって、学生たちの存在は非常に大きいものであることを実感した。毎週のように連れていかれる学生は大変だったかもしれないが、今、この熊本でしか体験できない素晴らしい教育機会となったと信じている。

熊本地震から1年経ったあたりから、来所者数が極端に減少した時期もあったが、私たちの目的にとっては、通い続け、オープンし続けることが重要であるという認識のもと、活動を継続してきた。来所者が減少した原因としては、家屋解体や仮設住宅への入居、あるいは転居によって周辺に住民がほぼいなくなったということ、関連して、個人的な問題がひと段落ついたと同時に復興事業なども具体化していないため、意見交換をするポイントが見出せなかったことなどが挙げられるだろう。その後は、後に述べる県道四車線化に対して積極的に関わるなど、ましきラボの提案力をしっかりと発信するなどの試みの結果、来所者数を回復することができた。

2020年3月からは、新型コロナウイルス感染によって世界中の活動が大きな影響を受けたが、オープンラボも例外ではなかった。熊本県が出す指針に従いながらも、間隙を縫うようにラボに通い、毎週の開催がなんとか再開できたのは、2022年4月からであった。現在は、同時に使用を開始された益城町復興まちづくりセンター「にじいろ（2016）」に会場を移し、今まで通ってくれた住民とともに、新しい人々との出会いも模索している。

ラボとまちづくり

さてもう一つのイベントであるが、開所して1〜2年くらいは、住民の来所を待つだけではない企画を月1回程度開催していた。前述した勉強会もその一環であるが、そのほかには、ソラシドエアと協働したクリスマスイベント（2016年12月）や、地震からちょうど1年経った2017年4月には、被災後いち早く復興屋台村を立ち上げた「一般社団法人まちづくり益城」と合同で「益城復興さくら祭り」を開催した。あるいは、日本機械学会九州支部と「ぼうさいDay Camp＋発電教室」（2017年8月）も共催している。ましきラボは、支援したい外部の団体と益城町や住民をつなぐ触媒として機能したといえよう。また、研究者としてのネットワークを活かして、一周年イベントでは兵庫県立大学の小林郁雄特任教授を招いて講演会・座談会を開催し、ほかにも劇作家の平田オリザ氏、建築家の内藤廣氏を招いたシンポジウムも行なっている。加えて、秋津川河畔のましきラボを離れて、地域に出向く活動も行なっている。ここでは、益城町の集落部に位置する福田校区平田地区の活動について紹介しよう。

活動のきっかけは、オープンラボである。開所してすぐ、3回目くらいであろうか、後に平田地区のまちづくり協議会会長となる濱田さんがオープンラボを訪れてくれた。被災によって、地域はさまざまな課題に直面するが、それらの多くは災害以前から存在し、なんとか騙し騙しやり過ごしてきた、あるいは先送りにしてきた課題が、災害によって一気に顕在化する。平田地区も同様であり、地震前から懸念してきた人口減少が地震によって決定的になってしまうのではないかという切実な不安を、濱田さんは抱えていた。地震が来た今だからこそ、住民みんなで力を合わせてまちづくりをしたい、でもどうしたらいいのかわからない。そこで、役所に相談に行ったところ、ましきラボを紹介され訪れてくれた。

その後、数週間をかけて、平田地区の現状、将来像、やりたいことなど、具体的な議論を進めていった。まず明らかになった課題は、いかに仲間を集めるかということである。仲間を集めるためには、まずまちづくりに興味をもってもらい、さらに自分の住む地域の魅力に気づいてもらうことが重要である。その気づきや仲間意識を育むのに、効果的な活動の一つが、みんなでともにまちを歩くということである。ラボメンバーである田中尚人准教授を中心に、2016年12月に第一回まち歩きを実施することになった。その後も、2017年5月、2018年3月、6月と平田地区でのまち歩きは継続していき、田中尚人准教授はさまざまな形で平田のまちづくりをサポートしていった。

また、梅は益城町にとって大切な木であり、実である。2018年6月のまち歩きは、竹内裕希子准教授が中心となって震災の翌年から毎年行なってきた「ましきの梅で梅仕事」というイベントとともに行なった。まち歩き、共同作業、そして食が連携することによって、より複合的に町のことを考えられる機会になったと思う。まちづくり活動で大切なことは、何よりも、その活動が楽しいということだ。

平田地区は、2018年2月に、まちづくり協議会の成果として、「帰りたくなるちょうどいい田舎あります!!~祭、自然が時代を超えて絆をつくる、農業の郷~」というテーマのまちづくり提案書をまとめたが、その内容や活動にましきラボは大きく貢献したのではないかと思う。なぜなら、コロナで中断したオープンラボが再開すると、待ち望んでいたように濱田さんたちが来所してくれ、これからの計画などについてうれしそうに語ってくれたからである。

特に私が驚いたのが、地震後に平田地区に帰ってこなかった世帯が9戸ほどあり、それらは空き家になってしまったそうだが、濱田さんは宅建の資格を活かして、自ら熊本の不動産HPに情報を上げ、そのうちの8戸に新しい居住者を招くことができたということだ。被災した集落としては画期的なことである。それだけ益城町に魅力があるということだとは思うが、何より、そのような行動を住民自らが起こしてくれたことが嬉しかった。濱田さんは、先生たちのおかげだよと笑っていたが、私たちこそ励まされる報告であった。

県道の四車線化

益城の復興をインフラ整備の点からみると、市街部において計画されている県道益城中央線の四車線化と木山地区の区画整理事業が主なものとなる。ここでは、県道四車線化事業を中心に、ましきラボとしての関わりを紹介していきたい。

熊本高森線と呼ばれていた県道益城中央線は、益城町を東西に縦断する中心的な道路であるが、最も狭いところで幅員10m、歩道もない劣悪な道路環境であった。発災時においても、両側の家屋やブロック塀、電信柱の倒壊によって通行困難な箇所が発生し、避難、復旧に対して大きな障害となった道路である（写真8）。そのため、この道路の拡幅は復興計画にも位置づけられるとともに、2017年3月10日には事業着手（認可）も行なわれた。熊本市と益城町の境界から全長約3・5㎞、横断構成は、車道3・25m×4、路側帯1・5m×2、植樹帯1・5m×2、自転車歩行者道4・0m×2の全幅27・0mとなっている。なお、熊本県による地震前の推計では、1万2300～2万8800台の将来交通量である。

写真8　地震直後（2016年4月19日撮影）の益城中央線（熊本高森線）

沿線住民にとって非常に影響の大きな事業となるため、反対意見も根強くあった。反対意見の要点としては、都市計画決定から事業認可までが早すぎるため、住民の意見を十分に汲み取ったものとなっていないのではないかという手続きの問題や、歴史的な経緯から益城町市街部はコミュニティが南北に連続しているため、横断が困難になることによって生じる地域分断の問題、交通量の増大や走行速度の増加による安全性の低下、そして事業期間の長期化による沿線住民、特に事業者の生活再建の問題などである。これらの論点は十分に説得力をもっているもので、決して蔑ろにできない問題であると私も考える。

益城町に必要な道とは

行政と住民だけでは、合意形成がなかなか進まず、建設的な議論ができない状況であった。そこで、ましきラボは包括的連携協定に基づき、新しい県道のデザイン案を住民に示し、意見交換を行なうことによって、その可能性や課題を明らかにし、行政へ提言することとなった。教員としては、田中智之准教授、円山琢也准教授と私、加えて増山晃太研究員と吉海雄大を中心に検討にあたった。私たちが大切にしたポイントは下記の四つである。

①地域における歩行者交通の快適性・安全性
②公共交通の利便性
③コミュニティ（地域のつながり）
④益城の顔づくり

27mという道路幅（全幅）はさすがに広すぎるんじゃないかというのが、私たちにとっても正直な最初の印象であった。しかし、円山准教授を中心に行なった仮設住宅聞き取り調査においても早期実現を望む声が多かったことをふまえ、いろいろと議論・検討をした結果、歩道空間を充実させた四車線道路が、やはり益城には必要ではないかという結論に至った。その理由は、交通渋滞の解消や被災時の交通確保という防災的な側面も当然あるが、それ以上に大切だと考えているのは、逆説的な表現になるが、益城町を歩ける街とするためにも、益城中央線の四車線化が必要ではないかというものである。それを示しているのが①②のポイントである。

益城町の道路は、この県道以外の道路もほとんど歩道がない。特に、宅地内道路は狭小であり、県道の渋滞を嫌った車両の抜け道となって、車両と歩行者（通学の小学生も含む）が混在した非常に危険な状態にある。たとえば、加藤清正の熊本城築城とも関係の深い木山往還（熊本市と益城町の中心地の木山を結ぶ旧道。途中、築城用の石を置いていったといわれる巨石、猫伏石がある）は、益城町の歴史において重要な道であるが、生活者にとっては主要な抜け道となっていて、人がのんびりと歩けるような道路ではない。広幅員の幹線道路によって、この抜け道利用をできるだけ減少させることが、地域全体を歩ける街にするために必要であると考えたのである。

また、歩ける街にとっては公共交通の充実も重要である。二車線道路にバスベイ設置という形態も考えられるが、バス交通において最も重要な点は定時性の確保である。バス会社へのヒアリングによると、バスベイは、停車ごとに車線復帰へ時間がかかるため定時性確保には不利で、車線上にバス停もあるほうが有利であるとのことであった。片側二車線であれば、将来の交通量が減少した場合にもバス専用レーン化も可能であり、状況変化への柔軟性も有している。そこでデザイン案においては、③は道路の広幅員化によるコミュニティ分断の悪影響を最小化し、新たなコミュニティ醸成の基盤となること、④は益城町の表通りとしての風格や景観を形成することをいかに実現するかが重要となった。

デザインと合意形成

道路のデザインといっても、決して舗装や照明などの仕様を決めるだけではない。曽木の滝分水路や緑の区間と同様に、まずはできるだけ構造的に考えることからデザインは始まる。つまり幅員27ｍと一概に言っても、四車線化するための車道幅員の13ｍは必須となるが、その他の14ｍの配分にはある程度自由度がある。そのため、その13ｍの配分を検討することがデザインの第一歩となる。そこで私たちは、都市計画決定と同様の幅員構成の「一般道路型」、両側の植栽帯を中央に集約して、大きな樹木を植栽できるように3ｍの幅とし、その並木道が新しいシンボルとなるような「グリーンベルト型」、歩道の中央に植栽

写真9　オープンラボにおける県道四車線化に対する意見交換の様子

帯（1m）を設置して自転車と歩行者の分離を促し、多様な植栽などによって沿道と道が一体的な印象となる「沿道にぎわい型」の三案を作成した。

上述した①〜④のポイントから案を特徴づけると、「グリーンベルト型」が④をわかりやすく表現しつつ、強いコミュニティ軸として③を実現する方向であるのに対して、「沿道にぎわい型」は歩道空間を安全かつ魅力的にすることにより、人々が集いやすい道路とすることでコミュニティの分断の影響を軽減（③）しつつ、道路沿いに展開する風景が新しい益城町の顔となること（④）を目指したものである。これらを100分の1の模型として、2018年2月21日に開催した「27m県道の姿をみんなで考えるオープンラボ」において住民に提示し、さらにその後1ヶ月をかけて、毎週土曜日のオープンラボや、子育て中のお母さんたちのグループであるとんとんカフェなどに出向いて、意見収集を行なった（写真9）。

その結果、最も評価の高かったのは、実際は私たちも一押し案の「沿道にぎわい型」であった。住民の方々にとってまず大切であったのは、安全性や利便性であった。益城町から熊本市内の高校へ通う高校生の多くは自転車通学であり、この道の自転車交通量は多い。そのため、自転車と歩行者が分かれることによる安全性がまず一つ。また、益城中央線に限らず多くの道路で同じ状況となるのだが、市街地を通る道路には沿道に土地利用がしっかりと張り付いているために、車の乗り入れ、つまり歩道を横断する車の移動が存外に多い。事故が多いのは歩道を横断するとき、あるいは歩道から車道へ車で出ていくときである。

この「沿道にぎわい型」は、歩道と車道の間に中間領域として自転車ゾーンを設けているため（区分的には歩道の一部だが）、歩車道境界部分の見通しがよくなる。加えて、現状の道路の利用状況をみると、右折して店舗や宅地に入る車も多く、この利用は四車線化しても減少しないだろうと考えたため、路側帯の幅を狭めて車道中央に1・5m幅のゼブラ帯を設けていることも、使いやすさという点で評価を受けた。

また、益城中央線に対するニーズを再確認できたことも、このプロセスの収穫であった。たとえば、車の運転があまり得意ではないお母さんは、市電の走る熊本市内に車で行くことが怖く、熊本市郊外まで車で行って、そこからバスや市電に乗り換えて中心市街地に向かうというのである。つまり、車でも通りやすく、かつ用事もそこで済んでしまう場所があれば、彼女たちにとってもとても価値の高い道となる。また、カフェなど集える場所が益城町にないということも住民の大きな不満であった。

そこでこの「沿道にぎわい型」をベースとして、住民の懸念であった安全性の確保や沿道建物と道の関係（特にオープンカフェなどを展開したときの道との関係）、植栽の維持管理などについて、より詳細に検討し、道の具体的な使い心地や新しい街並みを理解できるような75分の1の模型を作成し（写真10）、2018年5月28日に再度、「27m県道の姿をみんなで考えるオープンラボ～提言へ向けて～」を開催して住民に提示し、基本的な賛同を得ることができた。もちろん、道路の粉塵や豪雨時の水害対策などの環境的側面

写真10　75分の1の模型による検討の様子。なお、熊本大学で私たちの研究室があった工学部1号館のみ、熊本地震で被災し建て替えとなったため、作業場所は仮設のプレハブ校舎であった

などのご指摘もいただいた。加えて最も説得力のある意見は、先が見えず、同じ場所で事業を再建するのか、移転すべきなのかといった計画が立てられないという不安であった。これは、工事中の代替地探しなど、沿線事業者の生活再建を支援するソフト施策の重要性の指摘でもある。デザイン検討や住民との意見交換をとおして強く再確認できたことは、「いい道は道だけではできない」という至極単純な真理であった。

12の提言

以上の議論をふまえ、デザインの提案というよりは、そのデザインで大切にしたこと、あるいは今後のプロセスとして大事にすべきことを「12の提言」としてまとめ、2018年8月に熊本県知事へ提出した。12の提言は、四つのグループにまとめられるため、それぞれのグループごとに概要を紹介しよう。

一つ目は、『「益城らしさ」を活かす・つくる』、「住民の希望を反映しやすい柔軟なデザイン」、「沿道と一体的な空間づくり」の提言で構成される「益城の顔づくり」である。益城町の主要な骨格となる益城中央線は、復興のシンボルとなりうるものではなくてならない。そのためには、豊かな自然が身近にあるなどの既存の「益城らしさ」を基盤としながら、新しい「益城らしさ」を地域の人々とともに考え、ともにつくり出していかないといけない。

そして二つ目で、「歩行者も自転車も快適な道」、「安全な横断への工夫」、「公共交通の利便性の向上」で構成した「歩行者を中心としたみちづくり」を提示し、あくまで主役は歩行者なんだということを示し、三つ目では、「沿道施設へのアクセス性の確保」、「沿道環境への配慮」、「防災・減災の町の実現」で構成した「周辺へ波及するまちづくり」において、良い道をつくるだけではなく、街全体の環境を改善することを目指さなければいけないとしている。最後の四つ目は、「わかりやすい情報公開」、「住民とのプロセスの共有」、「住民との協働に基づくルールづくり」による「住民と協働する仕組みづくり」として、住民との継続的なコミュニケーションが大切であることを示している。

実現に向けて

もちろん、提案が私たちの目的なのではなく、実際に良い道ができなければ意味がない。実現に向けて、まず検討したのは樹木の配置であった。基本的には、田中智之准教授と協働している熊本駅周辺の道路づくりと同様、道の骨格をつくる主景木と彩りや多様性を与える添景木の組み合わせとしている。もちろん、沿道にビルやマンションが並ぶ熊本駅周辺と戸建て住宅と商店などが混在する益城町では条件が異なるため、アレンジも施している。たとえば、住居系の沿道利用が多い益城中央線では、落葉樹はあまり好まれないため、主景木としてナナメノキやクロガネモチ、タブノキなどの常緑樹を多めに選定している。また、添景木もヤマボウシやサルスベリに加えて、難を転ずると言われるナンテンや、地震のあった4月頃に花が咲くサクラやハクモクレンなどを選定している。

住居系の利用が多いということは、沿道の土地利用の間口が狭く、車の乗り入れの箇所も多いことを意味する。そのため、植栽できるスペースの自由度が少ない。単一樹種の並木がまばらになるよりも、その場所ごとの条件や沿道利用に合わせて、多様な樹種を混植していったほうが結果的に統一した道路景観を創出することができると考えた。

また、この混植は先の提言における「住民の希望を反映しやすい柔軟なデザイン」、「沿道と一体的な空間づくり」を実現するための手法でもある。約3・5㎞の延長を一気に拡幅はできないため、虫食いのようになったとしても、まずできるところから整備していくという方針を熊本県は採用した。最初の整備区間において、沿道の地権者に集まってもらって設計案を説明し、特に樹種や配置に関して丁寧にヒアリングを行ない調整した。結果、主景木がマテバシイ、クロガネモチ、ナンジャモンジャ、添景木がナンテン、ハクモクレン、サルスベリ、ソヨゴとなり、マテバシイについては、地震後に新設されたカフェの正面にくる木となるため、カフェの窓の正面に来るように位置の微調整も行なっている。

一方、虫食いとなってもできるところから始めていくという方法は、整備後の姿を多くの人が共有できるため、提言における「わかりやすい情報公開」、「住民とのプロセスの共有」という点でも効果的である。さらに効果的だったのは、原寸模型による検討であった。熊本県の益城復興事務所にある広大な駐車場に、バス停部分を原寸かつ実際の材料で施工してもらった。さまざまな材料の試験施工を行ない、材料の選定を行なうと同時に施工上の注意点などを抽出する。あるいは、脇道との交差部の縁石の巻き込み半径や擦り付け方（歩行者の通る部分は2㎝の段差をしっかりつけ、自転車の通る部分はフラットに擦り付け、通りやすさという点から両者の分離が自然に起こるような工夫）、バス停におけるベンチの配置や点字ブロックの割り付けなど図面ではわかりづらい部分の検討を行なった。加えて２０１９年10月2日には、多くの住民を招いて原寸模型の体験も行なった（写真11）。

このような丁寧な作業はなかなか行なわれることではないが、復興だからということではなく、社会基盤整備の一つの常識となれば、たとえ高価な材料を使ったり、有名なデザイナーを招いたりしなくても、どれだけ地域の景観はよくなるだろうかと思う。具体的な誰かに喜んでもらうこと、自分の仕事を丁寧にやることは、行政職員のやる気にもつながっていくと思う。

県道益城中央線の四車線化事業は、現状では少しずつ進捗し、一部は供用されて快適で安全な歩道を住民に提供している（写真12）。事業者である熊本県や益城町とラボとの関係は、県道だけにとどまらず、もう一つの大きな公共事業である木山地区の区画整理事業でも継続しており、街区公園のデザイン提案や町役場に近接する震災復興記念公園のプロポーザル審査やデザイン監修などにも展開している。

記憶の継承

以上のような公共事業は、さまざまな困難があるとしても、課題や目標が明確であり、進捗も理解しやすいため、復興においても注目を集めやすい。しかし、そのような事業だけが復興なのではなく、先に紹介した平田地区のような住民の活動や事業化されづらいものも大切であり、復旧以外に、避難地・避難路整備ぐらいしか主要な公共事業をもたない集落部においてはなおさらである。

写真11　原寸模型での住民を交えた検討の様子（増山晃太氏提供）

写真12　新しい歩道を安全に歩く子どもたち（熊本県提供）

私も参加している「平成28年熊本地震記憶の継承」検討・推進委員会の取り組みは、そのような活動として位置づけられると思う。この委員会（委員長：柿本竜治教授）は、益城町の全住民が、平成28年熊本地震についての経験を共有し、それに基づき、災害に対する備えに取り組むこと、そして、益城町の経験や教訓を全国に伝え、日本全体の防災力向上に貢献することを目的として２０１７年8月に設立された。熊本地震を経験した町として、その記憶を継承することは、大きな責任であるとともに、復興の礎でもあるという理念に立つ活動である。失われた尊い命を追悼しつついのちの大切さを実感する「いのちの記憶」、地震前から営み続けていた何気なくもかけがえのない日常に関する「くらしの記憶」、日常を取り戻すためにみんなで努力した「活動の記憶」、地震を引き起こした「大地の記憶」、これらの記憶を継承していくための活動である。

この活動は、一つの部署で担当できるものではない。そのため、防災教育専門部会（部会長：竹内裕希子准教授、担当課：学校教育課）、震災遺構の保存・活用専門部会（部会長：田中尚人准教授、担当課：生涯学習課）、震災記念公園専門部会（部会長：星野、担当課：企画財政課）の部会を立ち上げ、委員会全体は危機管理課が統括することとなった。それぞれに分担しながらも、全役場で取り組むという姿勢は素晴らしいと思うが、一方で、個別の予算や担当課があるわけではないので、どうしても、日々の忙しさに紛れて、後回し的な活動にならざるをえないという課題もある。防災教育部会は、学校教育という点で具体的な成果を積み上げつつあるが、記憶の継承全体としては、なかなか成果がみえていないというのが実情である。

また、この委員会での議論が町民に共有されなければ、全く意味がない。そこで、田中尚人部会長を中心に、「みんなでツナグ 益城の記憶」という住民参加のイベントを企画し、２０１８年9月と２０１９年3月の2回開催したことは成果といえるだろう。このイベントでは、地域でフットパスを開催している方、地震から継続して益城町の風景を撮影し続けているカメラ屋さん、図書館職員やまちづくり協議会、ボランティア団体など、震災の記憶を継承していると考えられる多様な方々に集まってもらって、活動の報告と共有をしていただいた。現在は、新型コロナウイルスなどもあって開催できていないが、委員会とともに、「みんなでツナグ」というイベントも継続し、つないでいくことが大切である。

震災記念公園とは何か

震災記念公園専門部会では、どのような議論や活動を行なってきたのか。震災記念公園といっても、東日本大震災で各県に大きな記念公園がつくられたような、そんな施設の整備予算があるわけではない。つまり、何かシンボルとなるような記念公園を計画するのではなく、記憶の継承を可能とするような場づくりを考えることが当部会のタスクであるとの認識であった。そのため、何が必要で何が可能なのか、益城らしい記憶の継承の場づくりとは何かということを模索するところから議論を始めていった。

その中で少しずつ共有できていったことがある。それは、記憶の継承に必要な場とは、立派だが1年に1度しか行かないような場所ではなく、暮らしの傍にあって、毎日のように遊んだりのんびりしたり、そのような日常の先に、地震の記憶や追悼の思いをもてるような場所ではないかということである。またそのような場は、いわゆる博物館のような固定された場所ではなく、エコミュージアムのように、地域の中に点在しネットワークされるようなものとなるべきだろう。先にまちづくり協議会で述べたように、益城町のそれぞれの地域は、多様な個性をもっているということも重要である。つまり、記憶の継承にとって大切な場所やそれらのネットワークのあり方は、地域によって異なるはずだということである。

このような共通認識を部会で共有した後、これは住民の声を直接聞かないと始まらないということで、益城町の5つの校区（小学校区）ごとに座談会を開き、身近な場がネットワークされたものを記憶の継承の場として各地域で展開していきたいという考え方にご意見をいただくとともに、それぞれの地域で大切な場所をヒアリングしていった。

最初の座談会が益城町の最も東に位置する津森校区で2017年の9月末、まだ震災の記憶が生々しく、復旧事業も十分な進捗をみせていない時期でもあったので、私たちもとても緊張して臨んだことを覚えている。参加していただいた住民の方々も同様だったようで、すべての校区においても、最初は表情も固く、口も重かった。しかし、少しずつほぐれてくると、震災時の大変だったこと、皆で力を合わせたことから、震災には直接関係がないような、伝統行事や伝承、自慢したい地域資源などが、皆さんの口からあふれてきたのだ。

たとえば、第1章でも紹介した堂園地区の大蛇伝説は津森校区において、県道四車線化に関して触れた木山往還も広安校区において、この座談会で初めて聞いたことである。あるいは、飯野校区では、地震後も水が濁らなかった湧水で被災後を乗り切り、命の湧き水とみんなで言って大切にしたということを聞き、後に2018年度と2019年度の卒業研究に展開している。これらの議論や座談会をとおして、最も強く学んだことは、平成28年の熊本地震の記憶は、それ単独で記憶されるものではなく、湧水や池、山などの地形やそれにまつわる伝説、あるいは、その地での生業など、すべてを含んだ土地の成り立ちと分かち難く結びついているということであった。

以上の座談会を通じて、私たちは多くの学びを得ることができた。その学びは、2023年3月に竣工を目指して本格的議論が始まった、町役場と復興まちづくりセンターに挟まれた、わずか1000㎡の震災復興記念公園の考え方に反映されている。

天然記念物としての断層

熊本地震によって、多くの地表地震断層が表出した。その中でも、益城町で生じた3つの地表断層は、発災後まもなく専門家や地元住民によって応急的な保存の処置がとられたため、良好な状態で保存されており、学術的な価値も高いため2018年2月13日に国指定の天然記念物に指定された[*5]。これらの天然記念物となった断層に関する保存活用委員会（委員長：松田博貴熊本大学教授）に、記憶の継承委員会でもご一緒している田中尚人准教授、竹内准教授とともに参加している。

これらの断層は、私たちの暮らしがいかに自然災害とともにあるのかということを、バリエーション豊かに教えてくれる。たとえば、堂園断層では、農地を断層が長く走っていて、クランク状に折れた畦（最大2・5mもの横ずれ）を辿ることで、断層の長さを辿ることができる（第1章写真7参照）。ここは、先にも紹介した大蛇伝説が残る地であり、まさに大蛇とは断層のことだったのではないかということを実感できる風景である。一方、V字型に地表断層が現われた（共役断層という）谷川断層は、2つの断層が住宅の庭を横断している。住民に聞いたところでは、4月16日の本震後、突如として1mの段差が玄関前に現われたそうである（写真13）。住宅が断層を意識的に避けて建てられていたわけではないだろう。しかし谷川地区は古い集落であるため、大蛇伝説ではないが、なんらかの知恵が継承されていたのではないかと思いたく

*5　熊本県益城町教育委員会、天然記念物布田川断層帯保存活用計画書、熊本県益城町教育委員会、2020

なるほど、住宅がギリギリで断層を避けている。

そして、潮井神社の境内を走る杉堂断層（写真14）。ここは、潮井水源という古くから地域の人々に利用されてきた貴重な湧水がわく地である。不透水層によって上下に挟まれた地下水には圧力がかかっているが、その地下水を溜めている地層に断層が割れ目をつくると、地下水が湧出する。つまり、この湧水の要因こそ、熊本地震の要因ともなった断層なのである。益城町教育委員会の方に聞くと、この地で平安時代の茶器が出土したらしい。美味しいお水でお茶をしたいという願望は、時代を超えても変わらないのだろう。まさに、自然の災いと恵みが一体となった場所である。

保存活用委員会としては、3つの断層すべてに対して保存、活用、整備の議論を行なっているが、杉堂断層は、地震前に策定された益城町第五次総合計画でも位置づけられた潮井自然公園内に位置している。この公園は整備途中であったため、委員会とも連携しつつも、益城町都市計画課とも協働し、地震前の計画を見直す検討を増山晃太研究員とともに行なっている。

地域住民とのワークショップなどを通じてみえてきた、見直しのポイントは、やはり断層によって生まれた湧水という恵みといかに触れ合えるかということであった。潮井水源で豊かに湧き出す水は、神社の池をあふれ、せせらぎとなり、以前は用水として使われた水路を通って布田川に注いでいる。梅雨の前には、たくさんのホタルが舞っている。以前には、布田川で山太郎蟹（モズクガニ）も多く取れたらしい。水との多様な触れあいを復活させることで、豊かであった自然環境そのものを再生すること。この目標を目指して、鋭意検討中である（図4）。

写真14　潮井神社と杉堂断層

写真13　住宅と軒を接する谷川断層

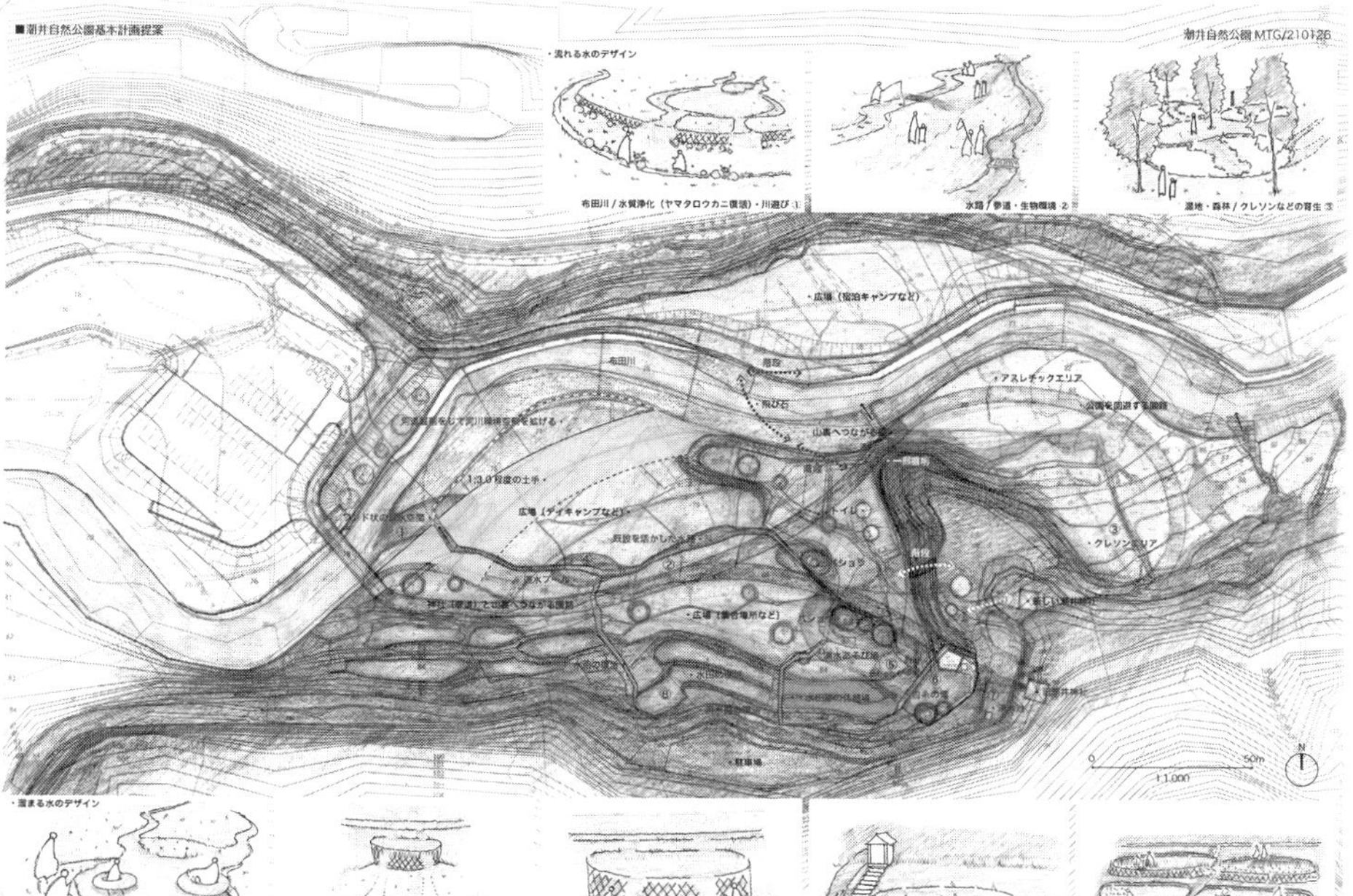

図4　潮井自然公園のイメージ（増山晃太氏作成）

小さな土木デザイン

ましきラボという活動があったからこそ実現した場づくりもあった。記憶を継承していくためには、具体的な物証としての震災遺構の意義は大きい。しかし、天然記念物ともなれば、大義名分もたち税金も投入されるために、遺構として保全されるが、震災後に多く見られた断層によってずれた道や水路、倒れた石碑や標識などは、生活の復旧を優先するためにほとんど遺構として残らないのが現状である。

津森校区の上陣・下陣・北向まちづくり協議会の会長を若くして務めていた西真琳子さんは、そうした状況に大きな課題を感じていて、なんとかならないかとましきラボで相談してくれた。彼女は、まちづくり協議会の活動を通じ、地質学を専門とする鳥井真之准教授（熊本大学）の薫陶を得ながら、それら身近な遺構の価値を熟知していたのである。それなら自分たちで遺構を保全しよう。こういう場合、所有者との交渉が最も難しいが、交渉は西さんがすべて行なってくれた。交渉の内容は詳しく聞いていないが、集落の出身で住民の西さんが発案したからこそ、実現できたのではないかと思う。

保全したのは2ケ所で、一つ目は、断層によって大きくずれた民家の石垣。舗装はすでに修繕されていたため、本来、石垣が連続していたラインに鉄の鋲を打ち込んだだけのシンプルなものである。私が関わった整備としては、最もミニマムなものだと思う。もう一つは、クランク状に折れ曲がった用水路である。取り掛かった2019年12月の段階では、用水路はその上流が地震で破損したままであったので水が流れていなかったが、いずれは用水路として機能させなくてはならない。そのため、クランクを一つの枡と位置づけ、コンクリートのたたきと石垣で囲うこととした。工事も私たちや学生だけでは困難であったため、緑の区間の整備でお世話になった伊勢造園の山隈昌彦さんに声をかけさせていただき、彼ら造園協会の復興支援プロジェクトとして参加していただくこととなった。施工当日は、西さんが地元の小学生も誘ってくれて、積む石にメッセージを書いてもらったり、賑やかで楽しい会となった（写真15）。私自身、益城町の復興にはさまざまな形で関わらせていただいているが、規模は小さいながらも、住民主導で、意義の深い、このプロジェクトに参加できたことをとても嬉しく思っている。

土木のデザインを「人間と自然をつなぐインターフェース」をつくることだと考えている本書にとっては、これらの活動は十分に土木デザインであったと考えている。

写真15　断層によってずれた水路をみんなで直している様子

ましきラボの意義

最後に、ましきラボの意義について振り返っておきたい。

先にも書いたように、始めたときは、何をするか、何ができるか、ほとんどみえていなかった。自己弁護に聞こえるかもしれないが、それが良かったのではないかと思う。なぜなら、復興において、何が大切でどうあるべきかなんてことは事前にはわからない。これはすべき、あれはすべきではない、などと最初に決めていたら、ここに記したような多様な活動はできなかったであろう。ここに記したことも私が主に関わったことだけなので、ましきラボのチームとしては、もっと多様な活動が行なわれている。学生も含めて、多様な専門をもつ教員たちが自由に、かつ連携しながら活動できるプラットホームとして、ましきラボが存在したことがまず何よりも大切なことだったと思う。

加えて、というよりもさらに重要なことは、オープンラボを活動の軸としてきたことだと思う。行政に住民の思いを届ける、行政が届かないところに住民とともに取り組む。これこそが、ましきラボの活動の基礎になっているのである。その点においては、秋津川の風景の力も大きい。聞くところによると、元々とても汚い川だったが、地元の方々がまちづくり活動として川の掃除を始めて、それが公園整備につながったという。益城町のまちづくりの原点ともいえる場所である。そのような風景の中で、学生とともに住民の声に耳を傾け続けることができたことが、私たちにとっても幸いであったと思う。

今、この原稿を書いている２０２２年は、熊本地震から6年経ち、益城町の復興はまだまだ終わらないどころか、やっと、少しずつみえはじめたという段階である。これからも、よい意味で柔軟に形を変えながら、でも大切なところは持続させながら、ましきラボの活動を続けていきたい。

第5章

「開蔵」するデザイン

筆者が関わった二つの河川事業と熊本地震からの復興事業を紹介してきたが、本書の目的は、それらの経験をとおして考えること、特に土木のデザインはどうあるべきかという点について考察することである。これら三つの事例はすべて、自然災害の抑止あるいは災害からの復興を主題としている。洪水を防ぐ堤防にせよ、避難や災害支援のための道路にせよ、災害を防ぐことは土木事業の大きな役割である。しかし、大熊孝が強調するように、洪水と水害は異なる［＊1］。洪水は通常より多く雨が降り、多く水が流れたという自然現象であって、生態系にとってはむしろ更新のために必要なイベントともいえ、そこに人が暮らしていなければ災害とはならない。そのような自然現象を災害とするかどうかは、私たち人間次第である。つまり防災事業としての土木事業には、私たち人間が自然とどのような関係をつくっているか、あるいは自然をどのように捉えるかという自然観が反映されざるをえないものとなる。逆に言えば、人間と自然の間に構築される土木施設は、人間が自然に対する関係の取り方や自然観が、形となったものといえるだろう。本書では第1章において、土木が有するそのような性格を積極的に「自然と人間をつなぐインターフェース」として捉え、そのデザインをとおして、自然と人間の新しい関係をつくることはできないかと問題提起を行なった。そこで、本章では、ここまで紹介した事例をふまえながら、その可能性についてさらに深く追及していきたい。まずは、〈自然〉とは何かという点について、考えてみよう。

二つの自然

さて、そもそも〈自然〉とは、どのような意味をもつ言葉なのだろうか。よく知られているように、〈自然〉には大きく二つの意味がある。『精選版　日本国語大辞典』の表現を借りれば、一つ目が、「山、川、海、草木、動物、雨、風など、人の作為によらず存在するものや現象。また、すこしも人為の加わらないこと」であり、二つ目が「ひとりでになるさま。おのずから。また、生まれながらに」である。

前者は、人間の活動や社会とは別の対比的な領域や存在を示す、現代に生きる私たちにとっても常識的なあり方である。一方後者の使い方も、自然な成り行き、とか、「そのように考えるのが自然だ」という表現にみられるように、何かものの〈本性〉とか〈真のあり方〉を示す言葉で、これらの表現を私たちは素直に理解できるように特殊な用法ではない。ここで注目したいのは、日本においては、明治以降に西欧的な考え方が本格的に入ってくるまでは、前者よりも後者の意味が基本だったことである[*2]。

---

*1　大熊孝、『洪水と水害をとらえなおす—自然観の転換と川との共生』、農文協、2020
*2　内山節、『自然と人間の哲学』、内山節著作集6、農文協、2014

実は、このような事情は、西欧でも同様だったらしい。日本にくらべるとずいぶん古い話となるが、古代ギリシアの時代、ギリシア語で〈自然〉を意味するのは〈フュシス〉という言葉であった。そしてこの〈フュシス〉の意味は、西洋哲学が確立されるソクラテス／プラトン／アリストテレス以降は、前者が基本となっていったが、それ以前の「ソクラテス以前の人たち」にとっては後者が基本であったらしいのだ。ソクラテス以前のほとんどの哲学者が「自然〈フュシス〉について」という著作を残したという伝説まである［＊3］。このような自然の概念の相違に着目して、特有な技術論を展開したのが、ドイツの哲学者ハイデガーである。

ハイデガーの技術論への関心

東日本大震災の福島第一原発事故以降、ハイデガーの技術論への関心が高まっている。日本に落とされた2つの原爆によって、当然ながら核兵器への批判は多くの識者から出されていた一方で、同じ1950年代では、原子力の平和利用は優れた未来として語られていた。しかしその当時から、たとえ平和利用されたとしても、核技術がもつ途方もないエネルギーが何かをきっかけにあふれ出し、一切を壊滅に陥れるという危険から人類を守ることはできるのか、とハイデガーは警鐘を鳴らしていた。1986年のチェルノブイリ原発事故の30年前のことである。このことが、いま注目されている［＊4、＊5］。

このような発想のベースには、ハイデガーによる〈自然＝フュシス〉を中心とした存在論がある。ハイデガーは、先に示した二つの自然概念に関して、古代ギリシアにおいて問題にされていた存在者は、先に示した二つの〈自然〉の意味のうち後者に近い〈フュシス〉のことであって、それが英語のネイチャーの語源であるラテン語の〈ナテューア〉（前者の意味に近い）に翻訳されたことで、〈自然〉の根源的意味が失われたと述べ、そこに西欧的思考の根本的な課題をみている［＊6］。

なお、ここで存在論という思考について、補足しておきたい。存在論とは、個々の事物（「存在者」）がもつ性質ではなく、それらをそのようにあらしめている「存在」そのものの意味を考えることである。このように「存在者」と「存在」を分けて考えることを「存在論的差異」というが、とても難しい。私自身は、その差異について、少し素朴すぎる理解かもしれないが、学生時代に読んだ木村敏にならって［＊7］、「存在者」という「モノ」を、そのように「存在」させている「コト」というように理解している。

ハイデガーの議論に戻ると、自然の二つの意味のズレ、〈フュシス〉と〈ナテューア〉のズレの克服を目指したのが、彼の存在論であり、技術論であった。ハイデガーにとっての技術〈テクネー〉とは、〈フュシス〉としての隠された〈自然〉の本性を引き出すものである。以降、彼の技術論の要点を整理していきたい。もちろん、土木系の一教員である筆者の力量で、彼の議論の全体像を示すことは不可能である。しかし、自然への介入の技術、「人間と自然をつなぐインターフェース」として土木を捉えなおそうとしている本書の目的にとって、重要な視点を得ることができると思う。

＊3　木田元、『ハイデガーの思想』、岩波新書、1993
＊4　國分功一郎、『原子力時代における哲学』、晶文社、2019
＊5　森一郎、『核時代のテクノロジー論―ハイデガー『技術とは何だろうか』を読み直す』、現代書館、2020
＊6　仲正昌樹、『〈後期〉ハイデガー入門講義』、作品社、2019
＊7　木村敏、『時間と自己』、中公新書、1982

〈開蔵〉と〈真理〉

ギリシア語で技術は〈テクネー〉というが、ハイデガーは、「テクネーにおいて決定的なことは、作ることや道具を使って仕事することではないし、さまざまな手段の利用ということでもなく、すでに述べたような開蔵ということなのである」と言う［＊8］。あるいは、「技術は開蔵のひとつのしかたである。技術がその本質を発揮するところとは、開蔵と不伏蔵性とが、すなわちアレーティアが、すなわち真理が生起する領域なのである」とも述べている。

ここで〈開蔵〉とは、〈Entbergen〉というハイデガーによるドイツ語の概念に対する関口浩の訳であり、森一郎は〈顕現させること〉と訳している［＊9］。何か隠（蔵）れているものが、開き現われてくる働きのことを指した概念であり、ハイデガーによれば〈真理〉に関わる働きなのであった。

ここでまず理解しなければならないのは、独特の意味をもつハイデガーにとっての〈真理〉である。私たちにとって日常的な理解では、真理とは、いつどこでも誰にとっても変わらない正しいことだと思うが、木田元によると、ハイデガーの真理概念は以下であるらしい［＊10］。

通常〈真理〉と訳されるギリシア語の〈アレーティア〉には、〈伏蔵・隠蔽（レーテー）〉を突き破るという意味の否定の〈非（ア）〉が含まれている。ハイデガーは、これを根拠に、ギリシア人にとって〈真理〉とはもともと、〈存在〉という視点の設定によって万物が生物学的環境に伏蔵されてある状態を突き破り、そこから抜け出して、〈世界〉という〈非伏蔵態（アレーティア）〉

の場へ存在者として立ち現れてくるその出来事を意味していた、と主張する。（引用者注：非伏蔵と不伏蔵は同じ言葉の翻訳の違いである）

どうだろう、奇妙な概念だろうか。私はそうは思わない。ハイデガーには、『芸術作品の根源』という著作もある［＊11］が、芸術を補助線とすれば、多少は理解しやすくなるのではないだろうか。ハイデガーはゴッホの「靴」という絵に、農夫が履く靴の本質をみる。

靴という道具の履き広げられた内側の暗い開口部からは、労働の歩みの辛苦が屹立している。靴という道具のがっしりとして堅牢な重さの内には、荒々しい風が吹き抜ける畑地のはるか遠くまで伸びる常に真っ直ぐな畝々を横切って行く、ゆっくりとした歩みの粘り強さが積み重ねられている。革の上には土地の湿気と濃厚なものとが留まっている。靴底の下には暮れ行く夕べを通り抜けて行く野路の寂しさがただよっている。

農業の苦しいながらも堅実な暮らしの風景が、この「靴」に集約されている。しかし、大切なことは、このような本質、〈真理〉は日常の中では、なかなか気づけないということである。なぜなら、日常とは、

＊8　マルティン・ハイデッガー、関口浩訳、『技術への問い』、平凡社ライブラリー、2013
＊9　マルティン・ハイデッガー、森一郎編訳、『技術とはなんだろうか―三つの講演』、講談社学術文庫、2019
＊10　木田元、『ハイデガーの思想』、岩波新書、1993
＊11　マルティン・ハイデッガー、関口浩訳、『芸術作品の根源』、平凡社ライブラリー、2008

靴が農夫にとって最も道具らしい働きをしているときだが、そのときには、「靴のことは考えなければ考えないほど、あるいはそれどころか靴を注視しなければしないほど、あるいはただ感じさえしなければしないほど、それだけ靴はますます真正に靴が［本来］それであるところもの」となっているからである。そのため、ハイデガーは、「道具の道具存在は、作品によってはじめて、そして作品においてだけ、ことさらに輝き現れてくるのである」とまで言い切る。そのものが正しく働いていればいるほど、その存在に気づかれることはない。これはまさに、土木的（テクノボー的）存在ではないだろうか。

ここで私たちは、土木的スケールをもった芸術作品、たとえばクリストの「ランニング・フェンス」を想起してもよい［＊12］。1976年に実現したこの作品は、カリフォルニア北部の起伏に富む風景の中、高さ6mのナイロンの布が34・5㎞にわたって続き、最後は海の中に潜って終わるものである。送電線や上水道のようなスケールであり、仮設的で、風になびく万里の長城である。私は体験していないが、おそらく、突如としてこの「フェンス」が現われたとき、人々は自分たちが暮らしている土地の相貌を新鮮な目で再認識し、（プロジェクトを記録した映画まで含めれば）土地を拘束している法律や土地の所有権、煩雑な手続きなどの文化的な制約をも実感したのではないだろうか。

あるいは、第1章において、「土木の美」として、柴田敏雄の写真を参照し、無味乾燥な人工物で覆われた中から萌え出るような自然に美を見出し、土木構造物は、そのような自然の美を引き出す逆説的な可能性があるのではないかと指摘した。ハイデガーは、「美は真理が不伏蔵性としてその本質を発揮する一つの仕方である」と述べている。いわゆる美しさとは対極にあるとも思われる柴田の写真に美を感じるということは、このような事態を指しているのではないだろうか。

〈挑発〉としての〈開蔵〉

ハイデガーによれば、真理に関わる働きである〈開蔵〉は、大きく二つの仕方で行なわれるらしい。その二つの仕方が先に紹介した、二つの〈自然〉に対応しているのである。「日本の自然」というように使われる、人為の及ばない存在領域で、客観的な対象となる〈自然〉においては、その存在を〈素材〈ヒューレー〉〉としてみるとハイデガーの技術論では考えている。そのあり方に対応し、特に現代技術によって顕著となった〈開蔵〉の仕方が〈挑発〉である。〈挑発〉にあっては、「自然を算定可能な諸力の関係」としてみることとなる。ハイデガーは、このような〈挑発〉としての〈開蔵〉の例として、水力発電所を挙げている[*13]。

水力発電所がライン河に据えられている。それはライン河を水圧目当てに調達する。河の水圧はタービンを回転運動目当てに調達し、その回転運動は機械を駆動する。この機械の歯車は電流を作り出し、そして作り出された電流のために広域変電所と電力供給のための送電線網とが用立てられる。―中略―河は、発電所の本質にもとづいてそれがいま河としてあるところのもの、すなわち水圧供給者である。

＊12 ジョン・バーズレイ、三谷徹訳、『アースワークの地平―環境芸術から都市空間まで』、鹿島出版会、1993

＊13 マルティン・ハイデッガー、関口浩訳、『技術への問い』、平凡社ライブラリー、2013

川が〈素材（ヒューレー）〉として、調達され、用立てされ、〈挑発〉されていく。この〈挑発〉された川の極端な姿は、大熊孝が批判する阿賀野川水系の姿でもあるだろう［＊14］。阿賀野川水系には17基のダムがつくられ、生み出される電力のほとんどが関東に送られている。大熊の指摘する〈国家の自然観〉とは、ハイデガー的には、〈自然〉を算定可能な〈素材〉として〈挑発〉するということだといえよう。

しかし、このような極端な例でなくても私たちは、川を算定可能なものとして理解しているのではないか。たとえば、曽木の滝分水路の検討時に作成した断面模型。その模型は、アイレベルから環境を検討したいという景観デザインの視点と断面の集合として川を捉える技術者としての視点を簡易に融合させたものであり、分水路の検討においては大変有効なものであったが、〈自然〉を算定可能な〈素材〉として扱おうとしていた点においては同様かもしれない。ただ、後に考察するように、断面を厚紙に切って立てる、そして、それを覗き込むという所作の中に、〈挑発〉とは異なる態度があるのではないかと思う。

実はハイデガーは、ライン河の水力発電所に関して、「だが、ライン河はいまも変わらず景観としての河であるのではないか、とひとは反論するだろう。そうかもしれないが、しかしどのようにしてそうなのか？　その場合、ライン河は、レジャー産業がそこへと連れてきた（用立てた）団体旅行のグループによる観光のための、用立て可能な物件に他ならないのである」とも述べている。観光は現代の地方において重要な産業であり、景観デザインの目標の一つに挙げられる場合も多いが、ハイデガーによれば観光も〈挑発〉の一つでしかないということである。

正直、耳が痛い。たとえば、曽木の滝においても、分水路への景観配慮は滝という観光地の景観を守るということが第一義であった。検討当初の想定にあったように、観光地の景観保全だけを目的に、人工物の修景のみに終わっていたら、〈挑発〉の邪魔をしないだけに終わっていたかもしれない。しかし、それ以上の価値を創出することに踏み込んだことによって、私たちはさまざまなことを発見することができた。人口減少時代において、観光も、集客数などの量のみを競う「発地型観光」から、滞在時間や再訪数などの体験の質を問う「着地型観光」に発想が変わってきている。ハイデガーが問題視しているのは観光そのものではなく、そのあり方にあるのではないか。つまり、単なる経済のための観光なのか、人々がその地に暮らし続け、自然と共生するための観光なのかということである。

後者の観光となるためには、お客さんを迎える以前に、たとえば川であれば、朝夕に川辺を散歩する、放課後や週末に釣りに行く、夢中で綺麗な石を探す、一人になりたいとき川岸でぼんやりする、久しぶりに帰ってきたふるさとの川で大きく伸びをする、川辺をバイクで走る。地域の人々にとってそんな場所であるべきであろう。デザインとは決して見た目を整えることではなく、そのような場所をつくることである。このような反省は、たとえば街中の公共空間のデザインにおいても、イベントなどに頼る〝賑わい〟を求めるものなのか、暮らす人々の日常を豊かにする〝居場所〟をつくることなのか、という問いにつながっていくと思う。

自然を算定可能なものとして考えるという点についてさらに考えてみよう。河川事業の目標とされる基本高水は、１００年確率や30年確率など、年超過確率として示される。気候変動の影響もあり、記録的な豪雨に毎年のように襲われていることからもわかるように、本来、洪水は私たちの事業や計画とは無関係に発生する自然現象である。しかし、中村晋一郎が明らかにしている［＊15］ように、既往最大主義

＊14　大熊孝、『洪水と水害をとらえなおす—自然観の転換と川との共生』、農文協、２０２０
＊15　中村晋一郎、『洪水と確率—基本高水をめぐる技術と社会の近代史』、東京大学出版会、２０２１

に代わって、戦後の河川行政において確率主義が導入されたのは、終戦直後の全国での既往最大洪水の多発、限られた治水事業費という当時の状況に対して、増大する基本高水に限界を設け、時代の経済状況に見合った基本高水を設定するためであった。全く人間の都合である。つまり、この確率主義は、自然現象である洪水を、あるいは〈フュシス〉の顕われとしての洪水を、算定可能なものとして、〈挑発〉可能な〈素材〉として捉えようとする試みといえるかもしれない。

もちろん、私たちが暮らす現代において、何らかの基準や目標がなければ、政策も事業も立てられないという事情は十分に理解できるものであり、根本的な変革を一気に行なうことは非常に困難なことだと思う。だが、私たちがおかれている状況をできるだけ根源に立ち返りながら相対化することは、少しずつでも改善していくうえで必要なことだと思う。

〈制作（ポイエーシス）〉としての〈開蔵〉

一方、大熊は〈国家の自然観〉に対して、第1章で紹介した、「自然の神秘とその威力を知ることが深ければ深いほど人間は自然に対して従順になり、自然に逆らう代わりに自然を師として学び、自然自身の太古以来の経験をわが物として自然の環境に適応するように務める」と寺田が述べた[＊16]ような自然の摂理にかなった謙虚な〈民衆の自然観〉を重視する[＊17]。この〈民衆の自然観〉は、ソクラテス以前の人たちが認識していた〈自然〉のあり方と親和性の高いものではないだろうか。

〈フュシス〉という語は、〈フュエスタイ〉という〈生える〉、〈花開く〉、〈生成する〉などの植物的生成を意味する動詞から派生したものらしい。ソクラテス以前の人たちは、「天も地も山も川も、植物も動物も、人間も人間の社会や歴史も、神々をまでも含めた万物を〈自然（フュシス）〉として、つまり生きておのずから生成するものとして見よう」としていた。このような普遍的かつ公平な自然観を仏教的に表現すれば、大熊が引用する「山川草木悉有仏性」となるのだろうし、木田も「古事記」における万物を「葦牙《あしかび》の如く萌え騰《あが》る物によりて成る」とみる自然観を引きながら、このような自然観が特異なものではなく、私たち日本人にはむしろ馴染みやすい自然観なのではないかと指摘している［＊18］。

このような〈自然（フュシス）〉に対応した〈開蔵〉の仕方が〈制作（ポイエーシス）〉である。ハイデガーは、〈挑発〉と〈制作（ポイエーシス）〉の相違を鉱床と風車の例をもって対比しているが、〈制作（ポイエーシス）〉という〈開蔵〉を理解するにあたって、木田が紹介している例がわかりやすい［＊19］。

> たとえば、われわれは彫刻家が大理石の塊からヘルメスの像を造ると言うが、ギリシャ人にとってはこれは、やはり大理石の塊がヘルメスの像に成ること、つまりもともと大理石のうちにひそんでいたヘルメスの像が余計な部分をそぎ落してそこに立ち現れてくることだと受けとられていた。彫刻家の技術（テクネー）は、その生成の運動にいわば外から力を貸しているだけなのである。

このヘルメスの像のエピソードは、夏目漱石の「夢十夜」の第六夜、運慶が仁王像を彫るエピソードを

＊16　寺田寅彦、『日本人の自然観』、寺田寅彦随筆集第五巻、岩波文庫、１９４８
＊17　大熊孝、『洪水と水害をとらえなおす―自然観の転換と川との共生』、農文協、２０２０
＊18　木田元、『ハイデガー拾い読み』、新潮文庫、２０１２
＊19　木田元、『ハイデガーの思想』、岩波新書、１９９３

彷彿とさせる［＊20］。運慶の迷いのない鑿《のみ》使いに感心した主人公は、一緒に見物している男から「あの通りの眉や鼻が木の中に埋まっているのを、鑿と槌の力で掘り出すまでだ。まるで土の中から石を掘り出すようなものだからけっして間違うはずはない」からだと教えられ、自宅で試してみても全くうまく彫れず、ついに「明治の木にはとうてい仁王は埋まっていないものだ」と悟るという夢である。なぜ仁王は埋まっていなかったのだろうか。それは、自然が変質したのではなく、〈自然〉への対し方が変わったということだろう。〈制作（ポイエーシス）〉として〈自然〉に向き合う運慶と、〈挑発〉として〈自然〉に対する主人公（明治の人）の相違である。

たとえば國分功一郎は、吉野川第十堰を、「川が持っている力を堰止めるのではなくて、うまく流して使う。そして、自然がたまに猛威をふるったときは、中の水の流れを速くすることでそれを上手に受け流す。自然が持っている力に、人間のほうに来てもらってこれを利用するという非常に優れた技術」すなわち〈制作（ポイエーシス）〉の例として、高く評価している［＊21］。木田は、〈制作（ポイエーシス）〉を、「〈自然（フュシス）〉の力にさらされた人間が、〈自然〉のただなかで、すでに自生している存在者を根拠に、その〈自然〉の力を利用しておこなう、おのれの地盤の確保なのである」とまとめているが、吉野川第十堰を代表とする伝統的治水工法は、まさにその具体例であるだろう。

〈世界〉と〈大地〉

ヘルメスの像や運慶の仏像のエピソードは、私にとっては、曽木の滝分水路のプロジェクトを強く思い出させる。土木施設とはいえ、ほとんど人工物を立ち上げることもなく、大地を掘り込んだだけのもの。

そこで私たちが出会ったのは、市民や行政との入念な合意形成、コンサルタントの柔軟な設計、施工者の丁寧な工夫をとおして顕わとなった、約33万年前の加久藤火山の噴火によって生じた火砕流の堆積物であった。

顕わとなった岩々の表情は多様である。スパーンと切れたように直立する岩。雷おこしのようにグズグズッと固まった岩。モコモコと盛り上がるような力を感じる岩。当たり前のことだが、岩盤は複雑な個性をもった物体の集合体なのだ。以前、懇親会の時に、岩盤工学を専門とする同僚が岩の複雑さと繊細さについて、熱く語っていたのを思い出した。その時は、見えない岩盤を専門にするのって何が楽しいのかななんて、申し訳ないことを思っていたのだが。

ここで、先にも触れた『芸術作品の根源』に戻ろう。ハイデガーはその中で、ギリシアの神殿について、先に紹介したゴッホの「靴」と同じように語りながら、〈大地〉という概念を抽出している。

そこに立ちながら、この建築作品は岩の土台の上に安らう。作品のこのような安らいは、岩からそれの不従順で、しかも何ものにもせき立てられることのない、担うことの暗さを取り出す。そこに立ちながら、この建築作品は、その上で荒れ狂う嵐に耐え、そのようにしてはじめて嵐そのものをその威力において示す。――中略――このように確然とそびえることは大気という眼に見えない空間を見えるようにする。――中略――出来しそして立ち現れることとそれ自体を、しかも全体とし

＊20 夏目漱石、『文鳥・夢十夜』、新潮文庫、1976

＊21 國分功一郎、『原子力時代における哲学』、晶文社、2019

てのそれを、ギリシャ人たちは早初期にピュシスと名づけた。このピュシスが同時に、人間が自身の居住をその上にそしてその内に基けるあの場所を空け開くのである。われわれはそれを大地と名づける。

〈大地〉とは、「人間が自身の居住をその上にそしてその内に基けるあの場所」のことであるが、ギリシア神殿という〈作品〉において、〈フュシス〉によって「空け開」かれるものである。土木を「自然と人をつなぐインターフェース」として考えたい本書において、普段なかなか気づくことのない〈大地（自然）〉が〈作品〉を通じて顕らわとなるのだとすれば、この〈作品〉の働きこそ土木に求めたいものである。では、その〈作品〉はどのようにつくられ、デザインされるのであろうか。

〈大地〉とは、さまざまな連関の中で私たちが生きる〈世界〉と対になる概念である。木田によれば、それらの関係は、次のように整理される［＊22］。

ハイデガーは、そのようにすべてのものがそこに立ち現われ姿を見せることによって〈存在者〉になる明るみを〈世界〉と呼び、その世界の現成と同時に、それらを引きもどし匿おうとするものとして現成してくる暗い基底を〈大地〉と呼ぶのである。—中略—作品のうちにあって世界と大地は〈闘争〉の関係に立つ。ハイデガーは、芸術作品のうちで闘われる世界と大地とのこの闘争こそが真理の生起であり、真理の実現態（エネルゲイア＝作品（エルゴン）となってある状態）だと言う。

〈開蔵〉される〈自然〉の〈真理〉とは、立ち現われる〈世界〉と匿《かくま》う〈大地〉との〈闘争〉によって生起する。〈自然（フュシス）〉に対する〈制作（ポイエーシス）〉とは、この〈闘争〉に寄り添うことなのだろう。少し大袈裟かもしれないが、曽木の滝分水路で行なわれたものは、このような〈闘争〉に寄り添った〈制作〉なのではないだろうか。仮にそうだとすると、プロジェクトに関わったすべての人々がその〈闘争〉に立ち会ったのだろうが、最もその〈闘争〉に翻弄され、〈制作〉を体現したのは、設計者のわがままにつきあいながら、短い工期の中、難しい工事を実践した施工者の方々なのかもしれない。

施工時にもよく現場を訪れさせていただいたが、そのたびに想像以上の空間が現出していく過程は、私を驚かせるとともに考えさせるものであった。というのも、デザインという行為の一般的な理解が、デザイナーの創造した〈形相〉を〈素材〉にあてはめていくことだとすれば、この分水路では、その全く逆のように、〈自然〉そのものが人間による〈制作〉をきっかけとして姿を現わしていくように感じられたからである。まさに、大理石に埋もれたヘルメス、木に埋もれた仁王、ではないかと。施工者たちが行なった、数十cm単位でのダイナマイトのコントロールやワイヤーブラシを取り付けたバックホーでの仕上げなどの丁寧な仕事は、このプロジェクトにおいて〈闘争〉に寄り添った〈制作〉だったのではないだろうか。

水精の簾

しかし、分水路は特殊な事例だと言ってしまえば、そうだと思う。もう少し、一般的な事業における

＊22　木田元、『ハイデガーの思想』、岩波新書、１９９３

〈制作（ポイエーシス）〉はないだろうか。景観デザインを専門とする私はここで、高校時代に授業で習った一つの漢詩を思い出す。一つのフレーズだけが記憶にあったのだが、インターネットでいろいろ検索した結果、晩唐の時代に元軍人が歌った七言絶句であることがわかった（便利な時代だ）。

山亭夏日　高駢

緑樹陰濃夏日長　緑樹　陰濃《こまや》かにして　夏日　長し
楼台倒影入池塘　楼台　影倒《さかしま》にして　池塘《ちとう》に入る
水精簾動微風起　水精《すいしょう》の簾《れん》　動いて　微風起こり
一架薔薇満院香　一架の薔薇《しょうび》　満院　香《かんば》し

覚えていたのは、三句目の「水精簾動微風起（水精の簾　動いて　微風起こり）」というフレーズである。普通、簾を動かすのが風で、簾が動いて風を起こすはずはない。しかし、その風が感知しづらいほど微かだったために、水精の簾の動きや発する音によって風の存在に気づくという表現だったと記憶している。高校生だった私にとっては、この詩がもつ静かさや涼しさの印象とともに、奇を衒った表現のようでいて、意外とそういうことはありそうだという面白さが印象に残っていたのだと思う。余談だが、進学校に通っていた私にとって、漢詩の勉強は受験勉強以外のなにものでもなかったが、一つのフレーズが印象に残っていただけでも、悪くない時間だったのだろう。

　このフレーズを現在の視点で理解すれば、水精の簾という人工物（デザイン）が風という〈自然（フュシス)〉を〈開蔵(顕現させること)〉するという、〈制作(ポイエーシス)〉としてのデザインの効果を端的に表現しているのではないかと思う。風車や伝統的治水工法も「〈自然〉の力を利用しておこなう、おのれの地盤の確保」であると同時に、その存在によって、おのずから生成する〈自然〉そのものに気づくという、人と自然をつなぐインターフェースのデザインとなっているのではないだろうか。

この「水精の簾」に近い発想でデザインしたものが、緑の区間の水辺である。水辺の遊歩道の石積み護岸と川の間に、自然石の捨て石とともに1・5m角のコンクリートブロックをランダムな位置、高さで配置している。機能的には、生き物のための多様な環境をつくること、都会の子どもたちも安全に水へ近づけることを目指したものである。繰り返しになるが、これはそのような直接的な機能のみを考えたものではなく、「水精の簾」と同じように、微かな自然の動きをよりはっきりと可視化させることを目指したものである。大雨が降らない限り、川の水位の変化はささやかなので、普通の市民が水位の変化を気にすることはないだろう。しかし、このブロックたちは、ちょっとした水位の変化に敏感に反応し、昨日は10個くらい見えていたのに、今日は3個しか見えないというふうに、いわばアナログな変化をデジタルに変換する。普通の市民も、何度もここで遊んだことがある子どもたちならなおさら、その変化に気づきやすくなるのではないだろうか。

そもそも、異なる空間をつなぐ際や縁、エッジはすべて、「水精の簾」になる可能性がある。たとえば、緑の区間の石積み護岸の上の転落防止柵やコンクリートのパラペット。転落防止柵は設置場所に配慮しながら透過性の高い横桟のものとしつつ、シルバーという目立つ色彩とし、パラペットでは、人が触れやすい場所に鍋田石を張ることによってベンチのように人の居場所としている。緑の区間では、その豊かな緑が空間の主役であった。街の緑は、もちろんその存在そのものに価値があるが、もっと身近には、気持ちのよい緑陰として存在している。柵は明るい色彩によって、緑の陰をはっきりと見せるだろうし、パラペットは人の居場所となることによって、心地よい木陰を人に探させるだろう。これらは、水辺のブロックほど直接的ではないが、自然のささやかな変化を映し出す「水精の簾」になっていると思う。

すべてのエッジはこのような可能性をもっていると考えるべきであり、このようなあり方が、「自然と人間をつなぐインターフェース」の小さいながらも具体的な現われなんだと考える。

〈自然（フュシス）〉の〝顕われ〟としての災害

ハイデガーは、職人や芸術家の手を借りずに、おのずから生成するという、自然の二つ目の意味の点で、〈自然（フュシス）〉は最高の意味での〈制作（ポイエーシス）〉であると指摘している。自然災害と土木という実践をさまざまな角度から考えたいと目指している本書において、この指摘はとても重要である。第1章において、伝承が土地の成り立ちを示すということをふまえながら「〝顕われ〟としての自然災害」という点を論じた。ここでは、ハイデガーの技術論をふまえながら再度考えてみたい。

ハイデガーは、花がおのずから咲くことを、〈フュシス〉が〈制作（ポイエーシス）〉であることの例としているが、災害時の、あるいは災害後の風景は、自然が〈フュシス〉としての本来の姿をおのずから顕現させた風景だと見ることはできないだろうか。第1章では簡単に触れただけだったが、私にこのような思いを抱かせたのは、東日本大震災で水没し、多くの海鳥たちのビオトープとなっていた干拓地の風景に触れたときであった。ああ、ここは、元々は海だったのだなあという、当たり前といえば当たり前の実感をもった。それは東日本大震災の翌年、熊本県から東松島市へ応援職員として派遣されている知人を訪ねたときのことであった。

多数のポンプで排水している様子を見て、人口減少、少子高齢化などによって営農者も減少している現状では、このまま海に戻したほうがよいのではないかと無邪気にも発言してしまったが、知人の返答には考えさせられた。この水の下には、犠牲者の遺品や、もしかしたら行方不明者もいるかもしれない。復旧を目指さなければ、それらを、あるいは彼らを探すこともできないと。確かにそうかもしれないという思いと、それとこれでは話が違うんじゃないかという思い。二つの思いを私はまだ解消できていない。

災害復旧によって災害直前の状況に戻すのではなく、その土地の履歴をふまえた最適な状態を検討し、その状態に戻すことを目指せれば、実践的にはこの矛盾は解消するかもしれない。最適な状態というレベルには程遠いが、第４章で紹介した、熊本地震後の益城町における地表断層の天然記念物化とその保存活用、あるいは住民とともに行なった震災遺構保存は、〈自然（フュシス）〉の〝顕われ〟としての災害を、暮らしとともに保ち続けるという点で、とても大切な活動だと思う。

しかし、本当の意味で〈フュシス〉とともにあり続けるためには、個別の政策や実践だけではなく、もっと根本的に考え直さなければいけないのだろう。〈自然〉を挑発し従える対象として見るのではなく、〈フュシス〉が自らもつ〈制作（ポイエーシス）〉の力を支えるような、技術や政策をどうやって立ち上げていけるのか。たとえば、曽木の滝分水路の凹凸のある河床や引き入れた用水、年に数度の洪水によって、豊かな自然が再生しているように。災害に関しても、現在、全国では中小河川まで含めてハザードマップが整備されつつあるが、いつか来るかもしれない災害が図示されたものと見るだけではなく、川が本来有している〈フュシス〉が可視化されたものと捉えること、そのような姿勢から始めていけないだろうか。

〈挑発〉と〈制作（ポイエーシス）〉

〈挑発〉と〈制作（ポイエーシス）〉はどのような関係にあるのか。まず確認しておかなくてはいけないのは、「とりわけ集－立（〈挑発〉のあり方）が伏蔵するのは、ポイエーシスという意味で現前するものを現出へと現れ－出る（こちらへと－前へと－来る）ようにさせるあの開蔵である」とハイデガーが指摘していることだろう。基本的に、〈挑発〉は〈制作〉を伏蔵させてしまうという関係にある。たとえば、ライン川に関してハイデガーが述べるように、環境に配慮した行為が、観光という回路によって回収されてしまうように。世界遺産に認定された環境が、オーバーツーリズムによって息も絶え絶えになってしまう事例などをふまえると、このことはしっかり理解しておく必要があるだろう。

多かれ少なかれ〈挑発〉という技術の恩恵の中で暮らしている私たち現代人にとっては、「夢十夜」のような〈制作〉は不可能なのかと思うと、途方に暮れてしまうことも事実である。ハイデガーは、『技術への問い』の講演の最後で、〈集－立〉という〈挑発〉が最高の意味での危機であることを強調した後、ヘルダーリンの「だが、危機のあるところ、救いとなるものもまた育つ」という詩を引用し、芸術や詩作に、その救いとなるものを見出している。

詩人である長田弘は「みえてはいるが誰もみていないものをみえるようにする」ことを詩の定義としている[＊23]。ハイデガーがギリシア神殿について、「確然とそびえることは大気という眼に見えない空間を見えるようにする」と語っていた。筆者がデザインの対象とする風景も、日常的すぎて誰も気にも留めない（みえてはいるがみていない）ものの一つだとすれば、そのデザインは長田の詩の定義に近づくべきものではないかと考えている。その点では、ハイデガーにも強く共感するのではあるが、自然災害と土木のデザインの関係を考えたい本稿においては、そのような結論では実践から相当距離のある議論となってしまう。その距離を埋めるにあたって、ハイデガーの別の講演「建てること、住むこと、考えること」が参考になると考えている[*24]。

〈労る〉ということ

この講演の中でハイデガーは、〈制作（ポイエーシス）〉としての〈開蔵〉と深く関係する議論を〈住む〉という私たち人間の基本的なあり方に関して行なっている。結論的に言えば、「住むことの根本動向は労ること」らしい。ここでもハイデガー独特の概念が展開されているが、彼によれば、その〈労る〉とは本来、「何かをその本質においてそのままにしておく」ことで「自由にする」、積極的な働きのことだと主張している。また同じように、〈救う〉とは危機から脱出させることだけではなく、本来、「何かを解放し、それに固有な本質を自由に発揮させる」という意味であることを指摘しつつ、〈労る〉のあり方の一つとして、「大地を救い、天空を受け入れる」とも述べている。すなわち、大地の「本質を自由に発揮させ」、「四季がおりおりの恵みや容赦なき仕打ちをするに任せ」ることが〈労る〉ことだというのである。〈労る〉というと、世話をするとか手入れをするというような、私たちの分野だと維持管理の範疇のこと

*23　長田弘、『なつかしい時間』、岩波新書、２０１３
*24　マルティン・ハイデッガー、森一郎編訳、『技術とはなんだろうか—三つの講演』、講談社学術文庫、２０１９

だと思ってしまうが、ハイデガーの議論がユニークなのは、建設することや構造物そのものも〈労る〉ことを実現しているということである。先に引用したライン河の水力発電所に対して、「その岸と岸とを何百年ものあいだに結びつけてきた古い木の橋のように建てられるのではない」とハイデガーは述べているが、この講演の中では、両岸を何百年もの間結びつけてきたこの橋は、次のように描写されている。

その橋は、川の流れの上に「軽やかに力強く」差し掛けられています。橋は、既存の両岸を結びつけますが、それればかりではありません。橋が懸かることで、両岸は、はじめて両岸として現われ出るのです。橋は、両岸をことさら相対峙させます。向こう岸は、橋によって、こちらの岸に対してくっきり浮かび上がるのです。両岸は、陸地の無差別な境界線として川の流れに沿って続いている、というのでもありません。橋は、両岸と一緒になって、それぞれの背後に広がる岸辺の風景を、川の流れに結びつけます。橋は、川と岸と陸を、おたがい隣合わせの間柄にします。橋は、川のほとりの岸辺の風景としての大地を、取り集めるのです。そのようにして橋は、緑なす水辺に沿って、川の流れに連れ添うのです。橋脚は、川床にどっしり据えられて、アーチの曲線を担い、川の水流を進むに任せます。水流が、静かに淀みなく流れ続けようとも、雷雨や雪解けで増水して天に逆巻く激流となって橋脚に打ちつけようとも、橋は、天候とその移り気な本性に対して備えができているのです。橋が川面を覆っているところでも、橋が川の流れを天空に配することに変わりはありません。橋は、川の流れをしばし受け止めて、アーチの門にいったん留めては、そこからふたたび解き放つからです。

〈労る〉ものとしての橋が、岸辺の風景としての大地の本質を自由に発揮させ（「大地を救い」）、時には奔流ともなる川の流れ（「天空」）を受け入れながら、〈自然〉と人をつなぐ風景として立ち現われている様子が生き生きと表現されている。第1章において私たちは、土木の非自己完結性という性格から、土木とは常にリノベーションなのではないかということ、また、優れたリノベーションは新しい価値をその場に付与するだけではなく、その場に内在している時間の蓄積や見えないものも含めたより大きなシステムを感じさせてくれるものではないかと確認した。ハイデガーが描写する〈労る〉ものとしての橋は、それがその環境に挿入されることによって、環境全体がまさに新たに生まれ変わるという点で、リノベーションとしての土木といってもよいだろう。

振り返ってみると、曽木の滝分水路も緑の区間も〈労る〉ものだったのではないだろうか。分水路においては、導水した用水や年に数回の洪水によって、動植物にとっては優れたビオトープとなっていて、この地にあるべき環境が生き生きと再生されている。緑の区間も、移植した樹木たちが、それぞれ個性的な樹形をもって、伸び伸びと葉を広げている。洪水という自然の大いなる力を受け入れるとともに、そこに生きる植物たちの豊かな母胎ともなっているのである。「大地を救い、天空を受け入れる」という〈労る〉という行為、そのためのデザインが、〈フュシス〉が自らもつ〈制作（ポイエーシス）〉の力を支えるということになるのであろう。

近年、公共空間の整備においては、整備後の運営や維持管理に関して計画・設計時に十分に検討することが求められてきている。人口減少や維持管理費の減少などの要因によるもので、維持管理の困難さを理由に植栽に難色を示されたり、デザインという点では難しいことも多いのだが、維持管理とは本来、整備されたその環境を〈労り〉続けるということであれば、「作ること、労ること、保つこと」（森一郎）[＊25]

を一体に考える〈制作（ポイエーシス）〉としてのデザインが問われているのだと考えることができるだろう。

〈労動〉、〈仕事〉、〈活動〉

ここで、特に注意を促したいのが、ともに施工時に、職人たちの丁寧な仕事があったということである。分水路については先に確認したが、緑の区間において、移植した樹木があのように伸び伸びと自然な形をしているのは、熊本県造園協会の方々が丁寧に調査し、移植の2年前に根回しを行ない、時間をかけて移したからだし、2本のクスノキに関しては伝統的な立曳きまで行なっている。彼らの行為は、何かを〈つくる〉というよりは、温もりをもった〈労る〉といったほうが適切なのではないだろうか。このような〈労る〉とは、内山が「村の老人たちは山に入るときには鉈やノコギリを下げて、自然の生命力が高まるように手当していく」と語った[＊26]〈仕事〉そのものだろう。

ハンナ・アーレントは、人間の活動生活を、人間の肉体を維持するためだけの〈労働（Labor）〉、人間が生活するための世界をつくり出す〈仕事（Work）〉、人間同士の公的な空間をつくる〈活動（Action）〉の三つに分類する[＊27]。施工において、発注者から求められた仕様をそのまま実現する受注者としての責務を全うするだけなら、その行ないは〈労働〉（内山の語る〈稼ぎ〉）の域を出ることはないだろう。しかし、彼ら施工者は、職人的なこだわりや遊び心に基づいて、それ以上の行ないを、すなわち〈仕事〉を達成したと考えることができる。

アーレントは〈仕事〉を、『人間の条件』英語版では〈Work〉と表記しているが、ドイツ語版では〈Herstellen〉と表記している[＊28]。この〈Herstellen〉は、「引き出して立てる」というニュアンスをもっていて、ハイデガーの〈制作〉と同じ用語である。アーレントにおいては、人間の寿命を超えて世界を存続させるものが〈仕事〉であったが、その持続性を保証するのが、大地や天空を含んだ〈自然（フュシス）〉を〈労る〉という姿勢なのではないだろうか。

また、その〈仕事〉は、直接的には緑の区間における立曳き工事のイベント化や、間接的には白川夜市の開催など、〈活動〉につながっているということも重要であろう。加えて、白川夜市におけるShirakawa Banks の活動にみられるように、この〈活動〉が草刈り（来訪者を迎えるための下準備）という〈労働〉とも連携していることも特筆すべきことである。この草刈りは、自らの生存環境を維持するためだけで、後に何も残らないという意味では、アーレントの〈労働（Labor）〉と言えるが、そもそも「労をいとわず働く」という日本語の〈労働〉には、内山が「労働のなかには労働生産物を創造することと自分自身を創造するという意味合いが秘められていて、人間の根源に触れるはるかに屈折した言葉として使われている」と述べている[＊29]ように、豊かな意味がある。つまり私たち日本人にとっては、ともに汗を流すということを通して、〈労働〉が〈活動〉につながっていく、あるいは〈労働〉が〈活動〉の一部となるということは、よく実感することではないだろうか。

一方、熊本地震で被災した益城町での活動はどうだろうか。曽木の滝分水路や緑の区間とは異なり、

＊25 森一郎、『核時代のテクノロジー論―ハイデガー『技術とは何だろうか』を読み直す』、現代書館、2020
＊26 内山節、『自然と人間の哲学』、内山節著作集6、農文協、2014
＊27 ハンナ・アーレント、志水速雄訳、『人間の条件』、ちくま学芸文庫、1994
＊28 仲正昌樹、『ハンナ・アーレント「人間の条件」入門講義』、作品社、2014
＊29 内山節、『自然と人間の哲学』、内山節著作集6、農文協、2014

「ましきラボ」という〈活動〉の場をまずつくったということに特徴があると思う。誰もが訪れることができ、自由に話すことができる開かれた場という意味では、古代ギリシアにおいて〈活動〉の舞台となった広場である。ここでの〈活動〉が、道路や区画整理という公共事業の質の改善や震災遺構の保存、地域住民を主体としたまちづくり活動などの〈仕事〉や〈労働〉につながっていったのである。

普請としての土木

さて、最後に土木そのものについて立ちかえりたい。ここで述べてきたような考え方は、土木の本質に対してどのような意味をもつのであろうか。

私の専門は、土木工学の一分野としての景観デザインである。土木工学の中に、景観やランドスケープ、デザインという専門があるという状況は、国際的にみると、とても奇妙である。たとえば私は、2014年度に10ヶ月間、客員研究員としてドイツのシュトゥットガルト大学に滞在したが、お世話になった研究室はInstitute for Landscape Planning and Ecologyで建築学部にあって、土木工学がある工学部とはキャンパスも異なっていた。ではなぜ、そのようなことになったのか。

一つには、災害が多く、地形条件も厳しい日本において、土木施設が地域の景観に及ぼす影響が大きいため、景観への影響をふまえたデザインが必要だということである。もう一つは、歴史的な理由。それは、明治時代に学問の枠組みを受容したときに、ねじれが生じたというものである。

一般的に、建築と訳されたArchitectureと土木と訳されたCivil Engineeringは、職能の違いであって対象物の違いではない。建築物の設計も、意匠をArchitectが、構造をCivil Engineerが行なうのであり、橋梁などの土木構造物であっても、特別な意匠設計が必要な場合は、そのような体制で行なわれる。日本においても明治初期には、1911年に完成した日本橋は、意匠設計を建築家の妻木頼黄《つまきよりなか》が、構造設計を土木技術者の樺島正義が行なっている。しかし、その枠組みを受容するにあたって、Architectureが建築物を、Civil Engineeringが土木構造物を、とそれぞれが対象を示すようになったのである。日本の建築学科には意匠だけではなく構造の専門があるのはそのためで、芸術系の学部に建築学科が所属する欧米の枠組みとは異なるものとなっている（もちろん、芸術的な発想だけでは、現在の複雑化した都市の問題などは解決できないため、欧米でも工学やその他の学問との融合は進んでいるらしいが）。

一方で、日本の建築学は土木構造物を対象とせず、土木工学にはそもそも意匠がないので、土木構造物の意匠を考える専門がなくなってしまった。その空隙を埋める形で中村良夫や篠原修によって始められたのが、土木における景観工学である。では、なぜそのようなねじれが生じてしまったのか。篠原修によると、江戸時代の奉行の違いがそのまま継承されたという。江戸時代、建物の建築や修理を司っていたのが作事奉行で、城の石垣や道、上水の建設や管理を司っていたのが普請奉行であり、その相違がそのまま、建築と土木に表現を変えて継承されたとのことである。

その説が正しいとすると、日本の土木の原点には、普請という概念がある。現在でも、特に地方では、住民自ら道を修繕したりすることも多く、それは道普請といわれている。普請という言葉には、今あるものの働きをよりよく引き出し、維持するという、メンテナンスに近いニュアンスが強くある。しかし、第1章で述べた「リノベーションとしての土木」というあり方をふまえると、土木そのものが環境に対するメンテナンスとも言えるわけで、土木の原点に普請があったとしても、決して的外れではないだろう。このメンテナンス的ニュアンスをもつ普請は、ハイデガーがいう、「何かをその本質においてそのままにしておく」ことで「自由にする」という積極的なはたらき、つまり、〈労る〉ということだといえないだろうか。

土木工学という分野の中に、景観やデザインという専門があること。これは日本特有のガラパゴス的現象かもしれない。しかし、本章で試みたように、ハイデガーの〈自然〉や〈真理〉、〈開蔵〉や〈制作〉、そして〈労る〉という概念を参照することをとおすと、その特殊性に新しい光が当たらないだろうか。土木の原点に普請があり、普請を〈労る〉ことと読み替えれるとすれば、その土木／普請／労るという意味の連なりは、〈制作〉という創造性や〈開蔵〉というデザインにつながっていく。日本の土木という概念は、その起源においてすでに、デザインにつながる萌芽を宿していた、と言ったら言いすぎだろうか。

終章

これからに向けて

終わらない自然災害

本書では、平成18年7月豪雨（2006年）、平成24年7月九州北部豪雨（2012年）、熊本地震（2016年）という自然災害を取り上げてきた。この間も、そして現在に至るまで、東日本大震災（2011年）や、西日本豪雨（2018年）をはじめとした多くの水害など、毎年のように大きな自然災害に見舞われている。私が暮らす熊本においても、2020年、球磨川流域は線状降水帯に覆われ（令和2年7月豪雨）、甚大な被害を被っている。

もし復興などに関われるとしたら、まずは被災された方々と経験を共有しておくことが大切なのではないかと思っている。そのため、この球磨川の災害においても、熊本大学のボランティアサークル「熊助組」とともに二度、家族とともに二度、泥出しのボランティアに参加した。

命さえ助かれば、掃除はみんなでやればよいのではないか、それが自然と共生する基本的な暮らし方なんじゃないか、という気持ちで参加したが、やっぱり、泥出しはきつかった。日本では水害は夏に起こることが多いが、災害後の掃除は、とにかく暑さとの闘いである。汗をダラダラかきながら、30分ごと、いちばんきついときは15分ごとに休憩をとる。そんな作業となるのである。

ボランティア作業の中で印象に残ったのは、最初に伺ったお宅の猫である。住民の方に聞くと、水害後1週間くらいの間は姿が見えなかったが、また最近帰ってきたらしい。なんとなく、生き物としてすごく正しい気がした。「犬は人に、猫は家につく」という。サッと逃げて、フラッと帰ってくる。なんだか、「男はつらいよ」の寅さんみたいだが、私たち人間も、この猫のように、身軽に動くことができたらなあと。

それにしても、お昼休みに眺めた青々と流れる球磨川は、本当に美しかった。

現在、球磨川の復興のプロジェクトにもいくつか参加させていただいている。そこでこの終章では、今まで議論をしてきたことをふまえながら、これからに向けて取り組むべきことについて考えていきたい。ただ序章と同様、ちょっと寄り道して、一つの映画の話から始めたい。

渡しと橋

球磨川には、2012年10月まで渡し舟が存在した。9世帯20人ほどが暮らす小さな集落と対岸の瀬戸石駅を結ぶ、観光目的ではない、暮らしを支えるインフラとしての渡しである。「ある船頭の話」（2019年）は、オダギリジョー監督が、40年近く船頭を務めた求《く》广《ま》川《がわ》八郎《はちろう》さんを取材し、2週間ほど共に暮らした経験に基づいて撮った映画である。ロケ地は、球磨川ではなく、大熊孝が何度も論じている新潟県の阿賀野川。映画が描く時代はおそらく明治の頃のことで、柄本明演じる船頭がゆったりとした流れの川に船を浮かべ、黙々と人を渡している。まさに宮沢賢治の「デクノボー」のような存在である。しかし、近代化の波はこの場所にも押し寄せていて、上流にはレンガづくりの橋が建設中で、この渡しもお役御免かなという空気が漂っている。そんなある日、布に包まれた少女が川を流れてきて、その子を助けたところから、物語が動き始めるという映画である。

正直、こんな川の中に小屋があったら大雨で一発で流れてしまうんじゃないか、とか、橋を建設する技術者たちをそんなに下品に描かなくてもいいんじゃないかと思わないでもないが、「田園に死す」(寺山修司監督、1974年)を思い出すような、人間と自然、聖と俗、現世と霊の世界のあわいが溶け合ったような世界が描かれている。何よりも、たっぷりと映された阿賀野川の風景が美しい。撮影はクリストファー・ドイル。私たちの世代にとっては、ウォン・カーウェイ監督作品での、鮮やかで湿った色彩とザラザラとした質感をもった映像に衝撃を受けた撮影監督であるが、この映画では、鮮やかな色彩はそのままに、とてもクリアに、そして静かに川の風景を映している。

映画の舞台は、渡しがある場所からほとんど動かない。だからといって、閉塞感のようなものは決して感じない。そこには、水が流れ、風が吹き、日は緑を照らし、川面に反射し、そして暮れていく。この風景から感じるものは、より大きなものとつながっている、より大きな世界へ開かれている感じと言えばよいだろうか。内山節が『山里の釣りから』で描いた[*1]ような、釣り竿ならぬ渡し舟を介した、自然と人間の交流の風景がそこにあるのかもしれない。第5章で述べたように、ハイデガーは暮らすことを〈労

*1 内山節、『山里の釣りから』、内山節著作集2、農文協、2014

る〉ことだとみて、その本質は、「大地を救い、天空を受け入れる」ことだとした。主人公の船頭は、風に従い、川とともに生きている。まさに〈労る〉ような暮らしである。

では、この渡しと、近代化の象徴として描かれた橋の違いはなんであろうか。ハイデガーのいう、自然に対する受動的な〈制作〉と能動的な〈挑発〉の違いとも理解されるが、映画の中で特に感じるのは、人との会話、コミュニケーションの相違である。たとえ船頭は相槌程度しか打たないとしても、あるいはだからこそ、舟の上には豊かな会話がある（船頭を傷つけるデリカシーを欠いた言葉もあるが）。一方、橋の上では、雑踏のざわめきはあるが、橋の上を歩くザッザッという靴音が基調となっていて（橋が雪に覆われていることが、その音を強調している）、人は無口に通り過ぎるだけである。

三つの交流

内山節は、自然と人間、自然と自然、人間と人間の三つの交流とそれらの交流の関係を『自然と人間の哲学』において考察した[*2]。内山がいうことをふまえれば、自然と人間の交流が豊かな渡しにおいては、人間と人間の交流もまた豊かになり、自然と人間の交流が断ち切られた、このレンガ橋においては、人間と人間の交流も貧弱なものとなるのかもしれない。

しかし、第5章で引用したように、ハイデガーはライン川にかかる橋を、「大地を救い、天空を受け入れる」ものとして、豊かな風景とともに記述している。「ある船頭の話」において、渡しと対比的に描かれた橋もまた、〈労る〉ものとなりうるはずである。では、どうしたらよいのだろうか。

本書で詳しく述べた土木デザインの実践は、曽木の滝分水路、白川・緑の区間、ましきラボを中心とした熊本地震からの復興である。それらに共通しているのは、土木を「自然と人間をつなぐインターフェース」と位置づけ、そのインターフェースとしての働きを最大化することがデザインであるという思いである。一方で、偶然にもそれらの事例の力点の相違は、内山による三つの交流にも対応しているのではないかとも思う。

曽木の滝分水路の特徴を、洪水を流すために大地を丁寧に掘った結果、その大地に抱かれるように、豊かな生態系が再生してきていることだとすれば、そこに自然と自然の交流が育まれているとみることができる。一方、白川・緑の区間においては、1980年代から続く「景観」か「防災」かという葛藤が、さまざまな方々の努力によって一つの形へと集約していき、白川夜市などの市民活動へとつながっていく。緑の区間で実現されているものは、都市における、自然と人間の交流と言えないだろうか。最後に、益城町における私たちの復興活動は、ましきラボという、まさに人間と人間の交流の場からスタートした。

ここまで読んでくれた読者の皆様ならお気づきだと思うが、それぞれの事業の力点や端緒が、三つの交流のいずれかにあったとしても、決して一つの交流に止まらず、他の二つの交流へとつながっていくことをそれぞれのプロジェクトでは目指している。すなわち、土木を「自然と人間をつなぐインターフェース」としてデザインすること、隠された〈フュシス〉としての自然を〈開蔵〉し、〈労る〉こと。これらを実現していくためには、自然と自然、自然と人間、人間と人間の三つの交流を連携させていくことが必要なのではないだろうか。

＊2　内山節、『自然と人間の哲学』、内山節著作集6、農文協、2014

流域治水の提示

治水の方針に関して、ここ数年の大きな変化は流域治水という概念が提示されたことであろう。球磨川に大きな水害が起こったのは2020年7月4日のことであったが、国土交通省社会資本整備審議会が「気候変動を踏まえた水災害対策のあり方について～あらゆる関係者が流域全体で行う持続可能な「流域治水」への転換～」という答申を出したのは、ほぼ同じタイミングであった。国土交通省が提唱する流域治水は、①氾濫をできるだけ、防ぐ・減らすための対策、②被害対象を減少させるための対策、③被害の軽減、早期復旧・復興のための対策を軸に、河川の中だけではなく、集水域と氾濫域を含めた「流域」というトータルなまとまりの中で、水害を防ぐことを目指したものである。なお、熊本県は、球磨川の復興にあたって、「命と清流を共に守る」ことを「緑の流域治水」というコンセプトに掲げている。

流域治水に関しては、関連法が2021年5月に交付され、すでにさまざまな論考が出ている［＊3、＊4］。本書で紹介した土木施設のデザインは、流域治水という広範で総合的な取り組みに対して、その一端を担うにすぎないものだろう。しかし、流域治水にとってまず大切なことは、暮らしに関わるすべての面において、洪水を発生させるかもしれない自然を意識することだとすれば、本書で紹介した、土木を「自然と人間をつなぐインターフェース」としてデザインする試みは、重要なヒントになるのではないかと考えたい。そもそも、第1章で述べたように、土木の特徴の一つは、大きなシステムの一部であるという「非自己決定性」にあった。流域治水の一つの部分にすぎない土木施設であったとしても、よくできた部分は、必ず全体に良い効果をもたらすはずである。

そこで最後に、本書で示した発想が、流域治水という取り組みに対して、どのようなヒントを提示しうるのか、空間、時間の両側面から考えていきたい。まずは、空間的な側面として、あるアイデアコンペに提出した提案について紹介しよう。

〝想像の共同体〟から〝実感の共同体〟へ

土木学会は、河川工学の第一人者で日本国際賞も受賞した高橋裕（東京大学名誉教授、1927〜2021年）の預託を受け、「22世紀の国づくり」プロジェクト委員会を2018年に発足させた［＊5］。その活動の一環として、「現状および近未来の課題認識、これをふまえた22世紀の国づくりのコンセプト、その実現のための方策、それが具体の地域に展開された場合の姿（ケーススタディ）をトータルに描くことで、より幸せな社会像の提案を示す」ことを目的に、「土木学会デザインコンペ　22世紀の国づくり　―ありたい姿と未来のタスク―」が行なわれ、九州で共に活動する風景デザイン研究会メンバーとともに応募し、幸運にも最優秀賞を受賞することができた。

私たちの提案タイトルは、「〝想像の共同体〟から〝実感の共同体〟へ」。22世紀という、少し先の未来の〝国〟づくりを考えるにあたって、そもそも、その時代の〝国〟とはどのようなものであるのか、というのが私たちの最初の問題意識だった。個人レベルでは、物理的にも情報的にも、近代的な国境の意味が

＊3　岸由二、『生きのびるための流域思考』、ちくまプリマー新書、2021

＊4　嘉田由紀子編著、『流域治水がひらく川と人の関係―2020年球磨川水害の経験に学ぶ』、農文協、2021

＊5　https://commitees.jsce.or.jp/design_competition/

薄れていくのではないか。一方で、自然災害への対応、食料やエネルギーの自給、世界的な人口のアンバランスの解消など、地域が相互に扶助すべき課題も多くなっていくだろう。そのような状況の中で、各個人が生き生きと暮らし、自分の街に愛着をもち、地域が連携して助け合う、それらを包含する一つのまとまりとして〝国〟はあるべきだと考えた。〝想像の共同体〟という概念は、ベネディクト・アンダーソンによる国民国家論［＊6］からとったものだが、多様な人々を国民としてまとめるために、さまざまな物語を必要とする近代的な国民国家としての〝想像の共同体〟ではなく、地形条件的にも自然で、100年後にも持続し、メンバーが一つのまとまりとして納得できる、〝実感の共同体〟を「国」として想定することが大切だと考えたのである。

以上の問題意識において、私たちの暮らす九州という地域が大きなヒントとなった。九州という島は、明快なまとまりをもっている。私が関東出身だからかもしれないが、この地方としてのまとまりの良さは素晴らしいと思うし、人口、面積、GDPにおいても、欧州の1国と比肩しうる規模をもっている。そこで私たちは、九州を一つの〝国〟とする仮説を立て、自治の範囲やあり方から、インフラの考え方、各個人の暮らし方まで、ケーススタディ的に検討した。

流域と自治

現状の日本というまとまりから、九州というまとまりにスケールダウンして考えたときに、まず検討されるべきは、自治および行政の単位だろう。平成の大合併などにみられるように、現状では、行政効率ばかりが求められて、実感のともなわない自治体の大きさになっているのではないだろうか。これは、たとえば都市マスタープランや景観計画などを検討するとき、歴史的経緯も地形的条件も異なるこのエリアで一つのテーマを立てるなんて無理だよと、よく経験することである。また、県という単位も、そもそもは中央集権的システムの一環であるため、再考が必要だろう。そこで注目されるのが流域という単位である。嘉田由紀子も、水を集めてくる集水域ごとにつくられてきた日本古来の行政組織をバイオリージョン（生態的なつながりを表わす地域）として評価している［*7］。おそらく流域こそが昔から、人が〝実感〟をもてるまとまりなのだと思う。つまり、流域治水というときも、人々が〝実感〟をもてるまとまりを、どの範囲まで拡張できるのか、あるいは、どの範囲で分けて考えたほうがいいのか、この点を考えることが大切になるのではないか。

具体的な提案として、まず私たちは九州を1級河川を中心とした流域圏に分け、その中に2つの中心的な都市を置いた。たとえば球磨川流域なら、八代と人吉。まちづくりの分野では、街の回遊性を促すのに有効な骨格として、2核1モールということがいわれている。ショッピングセンターに行くとよくわかるが、一つの端にスーパーが、もう一つの端に映画館があり、それらがモールで結ばれている。これが2核1モールのわかりやすい例である。1つの流域に2つの拠点都市を位置づけ、川が2つの拠点を結ぶという発想は、2核1モールの流域スケールへの展開である。治水において、最も根本的な課題となるのは、上流と下流の葛藤である。なぜ、下流の安全のために上流が負担を強いられるのかと。その克服は容易で

*6　ベネディクト・アンダーソン、白石さや・白石隆訳、『想像の共同体―ナショナリズムの起源と流行』、NTT出版、1997

*7　嘉田由紀子、「流域治水」の歴史的背景、滋賀県の経験と日本全体での実装化にむけて、嘉田由紀子編著、『流域治水がひらく川と人の関係―2020年球磨川水害の経験に学ぶ』、農文協、2021

写真1　地場木材をふんだんに活用したストリートファニチャー（豊田市）

はないが、まず流域を一つのまとまりとして実感すること、そして、そのまとまりは2つの定点をもつ楕円のように、上流と下流を代表する2つの拠点が拮抗し、連携すること。このような認識をとおして、上流下流の葛藤が地域の自治の問題として検討されるようになるだろうし、自分ごととして考えることをとおしてしか、困難な課題の解決は見込めないと思う。

ここで、自治のまとまりの再構築が、流域治水にとって大切だと実感した事例を紹介しよう。私は、豊田市駅周辺の再整備を中心とした都心環境計画の実現をサポートするために2016年から、矢作川のかわまちづくりに対しては2017年から、愛知県豊田市に通っている（ここ数年は、コロナ禍のため、なかなか伺えていないのだが）。豊田市は2005年に周辺町村を合併し、市の面積の約70％を森林が占めるようになった。その中で、2006年に「豊田市森づくり構想」を策定して間伐を進め、2018年には「新・豊田市森づくり構想」を策定し、木材の有効活用を模索している。私も関わっている都心整備においても、ベンチなどのストリートファニチャーの木質化を積極的に進めていて（写真1）、素晴らしい取り組みだと思いながら、なぜ、ここまで合併した周辺の森を大切にしているのだろうと不思議に思っていた。市職員に質問したところ、東海豪雨（2000年）の経験が、平成の合併を推し進めた要因の一つだと聞き、驚いたのである。

矢作川流域に被害をもたらした東海豪雨（第2章で紹介した気象庁による名称は付されていない）は、豊田市の森林行政を牽引した原田裕保氏によると［*8］、「人工林の間伐遅れ」が森林の保水力を低下させ、被害を増大させたとして、クローズアップされた水害らしい。豪雨時、すでに豊田市はこの問題に気づいていて、「豊田市水道水源保全基金」を活用して上流の人工林の間伐を進める「豊田市水道水源保全事業」の準備中で、後に合併する関係町村長と基本協定を締結し、間伐事業に着手する直前だったそうである。平成の合併は、この事業の着実な進行を後押しし、それらが、「森づくり構想」や都市の木質化につながっていくのである。自然のつながりの〝顕われ〟として東海豪雨という災害があり、自治のまとまりの再構築を通して、身近なデザインがそのつながりを〝実感〟させていくという、これもまた土木デザインの一つのかたちではないだろうか。

表通りとしての川

また、流域圏というまとまりを市民が〝実感〟するためには、川がそのまとまりの表通り、人とモノが行き交うモールとならなければいけない。流域治水においては、川だけではなく、海や山とのつながりが

＊8　原田裕保、東海豪雨が豊田市の森づくりにもたらしたもの、豊田市矢作川月報、No.144、2010.8

大切である。山から伐り出した木を筏に組み、川を流して河口の町に集め、そこから船に積む。そのような流通の幹線（表通り）として川が活用されていた時代は、その風景を通して、山、川、海のつながりは実感できていただろう。では22世紀において、川がつながりを実感させる表通りとなりうるだろうか。近未来に何が具体的に変わるだろうと考えると、おそらく、ドローンなどの空中利用がより活発になるのではないかと思う。ドローンによる物流は、今でも一部では始まっているが、街の上を自由に飛ばすことは危険だし難しい。ではどこか。川の上を飛ばすのが、地上に人も少なく、トンネルもなく、安全なのではないだろうか。そこで私たちは、新しい舟運（流域単位での空運？）として、ドローンを川の上でたくさん飛ばす提案を行なった。

曽木の滝がある川内川においても、「天保の川ざらえ」によって、米どころの大口盆地が薩摩とつながり、球磨川においても、江戸時代初期に、人吉の町人であった林藤左衛門正盛による開削によって舟運が開かれてから、上下流のつながりができた。川が地域の中心となるためには、まずは、暮らしの表通りとなること、理念ではなく、具体的に暮らしに必要な空間となることが必要だと思う。

私たちが提案する22世紀の風景は、この川を軸に展開する。橋は、単に川を渡るためのものではなく、陸の道と川の道が交わる駅のような場所となる。そこでは、「ある船頭の話」の橋のように、単調な足音が響くだけの場所ではなく、さまざまな交流や活動が生まれる広場のような場所となるだろう。ほかにもさまざまな工夫や提案を盛り込んでいる（図1）。しかし、提案から数年経ち、流域治水という考え方の実践がより具体的に問われるようになった現在からみると、個別の提案については、まだ不勉強であったり、近未来の技術へ表面的によせたものも多いと思う。しかし、〝実感〟というキーワードに基づき、地域の自治の基盤となる、流域というまとまりや表通りとしての川という発想の基本的なところは、これか

図1　川を表通りとした流域のまとまりのイメージ（「〝想像の共同体〟から〝実感の共同体〟へ」、土木学会デザインコンペ　22世紀の国づくり　―ありたい姿と未来のタスク―、最優秀賞）（増山晃太氏作画）

らの実践においても大切なのではないか。加えて、作画を担当した増山晃太氏が指摘し、私も「確かに」と思ったのは、絵の中に煙や湯気を描くと、グッと暮らしの実感が湧くということだ。その煙をとおして、暮らしの体温のようなものが可視化され、風景として共有されるのだと思う。

おそらく、技術の発展が未来をつくってきたのが近代だとすれば、22世紀には、いかに技術をコントロールしていくかが問われていくのだろう。それらの技術を統合し、どのような風景として調えていくか、その点にこそ、古市公威（土木学会初代会長）が、第一回土木学会総会（1915年）において強調した［＊9］総合の学としての土木の本領が発揮されるべきだと考える。

多層的な時間

流域治水において、暮らしのすべての側面で治水を考えないといけないとすれば、空間的な側面だけではなく、時間的な側面も考えなければいけない。

地球が誕生して46億年。自然はその時間の中で、脈々と持続し、変化してきた。自然災害も、その脈動の一つだとすれば、百年に一度とか千年に一度という時間は、自然からみればあっという間の時間である。一方、その災害に備える私たちの寿命は数十年しかなく、もし仮設住宅に暮らしていたり、仕事をすることができない状況であるならば、明日や明後日の暮らしが不安である。いやそもそも、私たち普通の人々にとっては、日々の日常こそが大切だと言っていいかもしれない。また、一年という周期を基本にもつ農業や、数十年というスパンで変化する山林、数百年という時間をかけて形成されてきた街や集落、さらにそれらが展開する地形には数万年という時間の蓄積がある。あるいは、魚や虫、鳥や草花には、またそれぞれ異なった時間が流れているだろう。

災害などの非常事態に襲われなければ、それらの多様な時間はなんとか折り合いをつけながら流れているのだと思う（あるいは、気づかぬうちに一つの強い時間が他の時間を侵食しているということが実態かもしれないが）。たとえば、古気候学という学問があり、近年の科学技術の発達によって、ずいぶんと古い時代まで気候を正確に復元できるようになった。その成果によれば、この二千年ほどの気候変動は、百年から数百年の長周期、数十年の中周期、数年の短周期の変動の重ね合わせとして記述できるらしい［＊10］。言い換えるならば、私たちは、さまざまな周期をもつ自然の変化が多層的に重なった環境の中で暮らしているのである。なお、この古気候学の成果によると、飢饉などの被害が多発するのは、数十年の中周期の変動によることが多いそうである。つまり、長周期や短周期の変化には、私たち人間は強いが、寿命や世代交代の時間に近い中周期の変化には弱い傾向がある。寺田のいう「忘れた頃にやってくる天災」とは、この中周期のものかもしれない。

河川整備は、その目標となる、百年や二百年に一度の水害に対応する基本方針と、二十年程度での達成を目指す整備計画の二段組となっている。気候変動に対応した基本方針の見直しが球磨川をはじめとした河川で始まっているし、定量治水から非定量治水へと抜本的な見直しを求める論考もある［＊11］。抜本的な見直しには多様で大きな困難があると思う。しかし根底的な見直しまではいかなくとも、基本高水を確

＊9　https://jsce100.com/furuichi/fulltext01.html
＊10　中塚武、『気候適応の日本史—人新世をのりこえる視点』、歴史文化ライブラリー、吉川弘文館、2022
＊11　今本博健、治水のあり方から考える流域治水の重要性と球磨川水系河川整備計画への提言、嘉田由紀子編著、『流域治水がひらく川と人の関係—2020年球磨川水害の経験に学ぶ』、農文協、2021

率論的に見直す以上の取り組み、方針や計画の役割の読み替えに挑戦すべきではないかと思う。古気候学の成果をふまえつつ、気候適応という視点から考えれば、単に基本方針を段階的に実現するための整備計画という役割分担ではなく、異なる周期性をもつ時間への二種類の対応というようなイメージで、それらの役割をとらえなおすことはできないだろうか。

たとえば、島谷幸宏（九州大学名誉教授）らが取り組んでいる樋井川《ひいがわ》（福岡市）の流域治水では、周辺のまちの中で、雨水を庭に貯める雨庭などの取り組みを推進させ、川に流れ込む雨水の量を減らすことで、河道への配分流量が、整備計画より基本方針のほうが少なくなるようにしている［＊12］（目標となる基本方針のほうが整備計画より大きいのが普通である）。このような試みをふまえれば、長周期かつ地球的規模で考えたときの流域全体を含めた河川整備のあり方を示す方針と、とりあえず今を生きている人々や次の世代が大変なことにならないための整備を示す計画と位置づけ、計画は常に方針によって問われ、方針は計画をとおして修正される、そのような役割分担が可能となるのではないだろうか。もし両者がこのような関係になるとすれば、それは、方針が主で計画が従といったタテの関係ではなく、目的の異なる二つの役割が、相互に刺激しあうヨコの関係になるだろうし、また、河川整備も終わりなく、継続して両者を調整していく行為となるだろう。

さらに、私の身近な風景に目を向ければ、熊本地震によって、多くの石積みの擁壁や護岸が崩れ、それらのほとんどは真っ白いコンクリートブロックで復旧されていることが目立つ。それらは仕方がないことだと思うし、コンクリートは数年も経てば黒く汚れ風景に馴染むと自らを納得はさせている。しかし、白々としたその風景は、千年という災害の時間と一日一日という暮らしの時間を無理矢理より合わせた結果なのではないかとも思う。先に触れた豊田市の元職員で「児ノ口公園［＊13］」や「矢作川 古鼡水辺公園

［＊14］という近自然工法を活用した優れた整備に関わられた木戸規詞氏の講演において聞いた「土木はもっと自然の遅さに耐えないといけない」という言葉が強く印象に残っている。これは、自然のもつ長周期や中周期の変化に、私たちの要求を合わせていかなければいけないということだろう。本書では、土木を私たちの自然観の現われとして考えてきたが、自然観は人と自然との交流によって育まれていく。自然の「遅さ」に対する穏やかな眼差しと、それを受け入れた忍耐強い振る舞い。このような交流が、私たちの自然観をまた豊かなものに育んでくれるのではないだろうか。

流域治水が、暮らしと治水を密接に関わり合わせるものだとすれば、私たちが生きる時間の多層性を意識し、自然がもつさまざまな周期や「遅さ」などの多様な時間を見逃さないように、時間への解像度を上げていくことも求められるだろう。

「石を据える」ということ

球磨川流域における豪雨からの復興には、すでにいくつかのプロジェクトに参加させてもらっている立場からしても、課題が山積みである。私が貢献できることは、ほんのごく一部であろう。しかし、仮に具体的な貢献が、一つの土木施設や場所であったとしても、それが「自然と人間をつなぐインターフェー

＊12　島谷幸宏、球磨川の水害と流域治水、嘉田由紀子編著、『流域治水がひらく川と人の関係―２０２０年球磨川水害の経験に学ぶ』、農文協、２０２１

＊13　２００４年度土木学会デザイン賞最優秀賞、https://www.jsce.or.jp/committee/lsd/prize/2004/works/2004g1.html

＊14　２００７年度土木学会デザイン賞優秀賞、https://www.jsce.or.jp/committee/lsd/prize/2007/works/2007n3.html

写真2　令和2年7月豪雨にも耐えた八の字堰（写真は2019年5月21日撮影）

ス」となったならば、必ずより大きな物事へとつながっていくはずだと信じている。

実は、水害以前より、球磨川の整備には関わっていて、その一つが、第3章でも少し紹介した八の字堰［＊15］である。自然を見る加藤清正の目を規範としながら、杉野さんたち、現代の職人が丁寧に石を組み合わせていった堰。竣工は、水害の1年数ヶ月前であったが、令和2年7月豪雨（2020年）でも、八の字堰はびくともしていなかった（写真2）。

どんなに課題が多くても、特効薬はなく、一発逆転ホームランのような対策は不可能である。この八の字堰を一つの見本としながら、できることをコツコツとみんなで積み上げていくしかない。

デクノボーでありたいと望んだ宮沢賢治は「石っこ賢さん」と呼ばれるほどの石好きであった。彼には、「石はまずなによりも、遥かな時をその内部に封じ込めた、宇宙的時間ともいうべきものの凝集体」として映っていた［＊16］らしい。花巻というふるさとにとどまりながら、世界や宇宙に想像力の翼を広げていった賢治にとって、手の中に収まる石が、ふるさとと宇宙をつなぐ〝実感〟の基点となっていたのであろう。
賢治と同時代人でありつつ、技術の結晶である飛行機を操り、世界中を飛び回ったサン＝テグジュペリ（1900～1944年）は、対極の経験を積んだ人物かもしれないが、私は、2人に通じるものを感じている。サン＝テグジュペリにも石にまつわる印象的な言葉がある。最後に、『人間の土地』に記された一節を引用して、本稿を締めたいと思う。

人間であるということは、自分の石をそこに据えながら、世界の建設に加担していると感じることだ〔＊17〕

＊15　2020年度グッドデザイン賞、https://www.g-mark.org/award/describe/51038、2020年度土木学会デザイン賞優秀賞、http://design-prize.sakura.ne.jp/archives/result/1437
＊16　今福龍太、『宮沢賢治 デクノボーの叡知』、新潮選書、2019
＊17　サン＝テグジュペリ、堀口大學訳、『人間の土地』、新潮文庫、1955

関連年表

1953	昭和28年西日本水害	第3章
1963	鶴田公園（白川・緑の区間右岸）開園	第3章
1964	新河川法	第3章
1983	曽木の滝分水路計画	第2章
1986	白川・緑の区間改修計画	第3章
1990	「多自然型川づくり」の推進について	第2章
1997	河川法改正	第2章、第3章
1998	美しい山河を守る災害復旧方針	第2章
1999	白川流域住民委員会	第3章
2000	白川水系河川整備基本方針	第3章
2002	白川水系河川整備計画	第3章
	白川市街部景観・親水検討会	第3章
2005	激特事業及び災害助成事業等における多自然型川づくりアドバイザー制度	第2章
	白川・緑の区間着工	第3章
2006	平成18年7月豪雨、川内川河川激甚災害対策特別緊急事業	第2章
	多自然型川づくりレビュー委員会	第2章
	風景デザイン研究会発足	第2章、終章
2007	曽木の滝分水路景観検討会	第2章
2009	小戸之橋プロジェクト開始	第1章

2011	曽木の滝分水路竣工	第2章
	白川・緑の区間　立曳き工法による移植工事	第3章
2012	九州北部豪雨	第3章
2013	小戸之橋着工	第1章
2015	白川・緑の区間暫定供用、ミズベリング白川74	第3章
	（仮称）花畑広場供用	第4章
2016	曽木の滝分水路改修	第2章
	熊本地震、ましきラボ開設	第4章
2018	白川夜市開始	第3章
	布田川断層帯　国指定天然記念物	第4章
2019	県道益城中央線着工	第4章
	八の字堰竣工	第3章、終章
2020	白川水系河川整備計画（変更）	第3章
	白川激特区間供用	第3章
	令和2年7月豪雨	終章
	「気候変動を踏まえた水災害対策のあり方について（流域治水）」（国土交通省社会資本整備審議会）	終章
	小戸之橋開通	第1章
2021	流域治水関連法	終章
	白川「緑の区間」整備検討会	第3章
	花畑広場供用	第4章
	球磨川水系河川整備基本方針	終章
2022	球磨川水系河川整備計画	終章

あとがき

本書は私にとって、初めての単著である。熊本大学へ助手として着任したのは1999年。それ以前は設計事務所で働く実務者だったので、大学に来てから研究を始め、最初の数年は、博士論文を書くだけの、のんびりとしたものであった。その研究に目処が着いた30代半ばくらいから、熊本大学の教員として土木デザインの実践に関わりはじめた。そのうちのいくつかのプロジェクトについてまとめ、考えたものが本書である。

水路を掘る、堤防を築く、道を広げる。令和の時代にあって、平成どころか、昭和かって思うくらい古臭い。コミュニティデザイン、プレイスメイキング、タクティカルアーバニズム、ソーシャルデザイン、グリーンインフラ、Ｅｃｏ－ＤＲＲ、ＳＤＧｓ。ここ十数年の間に生まれた新しい言葉には、ほぼ触れていない。もちろん、これらが示す考え方には、大いに共感するし、同時代の思想として、本書の思考にも強く反映している（はずである）。しかし、賢治のデクノボーではないが、本書では、古臭く、野暮ったいところにできるだけこだわろうと思った。学生時代に読んだ、梅原猛の『水底の歌　柿本人麻呂論』の中で、万葉集を編纂したといわれる大伴家持を評して、いつの時代も「古いものにこだわることこそ、最もラディカルな思想である」というようなことが書いてあった（ざっと見直したけど、見当たらなかった。記憶違いかもしれないけど、それもまた読書だと思う）ことが印象に残っていて、そうありたいと望んだからである。

本書では、できるだけ論点が明確になるように、私が関わったプロジェクトの中でも自然災害に関係するものだけを取り上げている。本書でも少し触れた花畑広場や、15年以上関わった熊本駅周辺整備など、都市デザインに関わるものには詳しく触れることができなかった。また、私の博士論文は、明治期につくられた砲台跡地（その多くは優れた海への展望所となっている）を扱ったものだが、それは、いわゆる美的な対象としてだけではない、人間にとっての風景の意味を考えようとするものであった。このような風景論を構築したいという想いは、研究室に入った学生時代から変わらず持ち続けていて、『水底の歌』を読んだのも、挽歌あたりにそのヒントはないかと模索していたからであった。

振り返ってみれば、本書で取り上げた土木のデザインは、複雑で多様な自然に対して、堤防など、比較的シンプルなものを通してアプローチしたものといえる。対して、都市のデザインになれば、扱うもの自体も複雑になるし、一方で母体となる自然は見えづらくなる。また、風景を深く考えるためには、対象としての自然や都市だけではなく、それを受け取る人間の内面に、より深く入っていかなければならない。

しかし、土木を「自然と人間をつなぐインターフェース」として捉え、そのデザインの意義について考えた本書の思考は、都市や風景について考えるにあたっても、確固とした土台を提供してくれるはずである。次のチャレンジとして、ぜひ取り組んでいきたい。またそのような思考の展開は、自然に対する土木デザインという本書の主題への考察も必ず深めてくれるだろう。

昔、ＮＨＫ教育テレビに、「ひとりでできるもん」という番組があった。最近ふと、その番組を思い出した。「1人でできるって、よく考えたら、すごいな。俺、1人でできることって、ほとんどないぞ」と。本書を書くにあたっても、本当に多くの方々のお世話になった。全ての人のお名前をあげることはできないが、ここに記さないと、私が落ち着かない方々を紹介し、感謝を述べてたい。

本書において、まず感謝したいのは、それぞれのプロジェクトで協働した、行政やコンサルタント、市民の方々である。お名前を出すことができたのはごく一部の方々であったが、本書の思考が、多少なりとも地に足のついたものになっているとすれば、それはみなさんとの対話のおかげである。また、プロジェクトに共に取り組み、模型作成などの作業にも協力してくれた、増山晃太くんをはじめとした、研究室の学生たちにも感謝したい。私自身、自分の能力などに自負をもつことはほとんどないが、卒業生の質ではどんな大学の研究室にも負けない、という強い自信はもっている。みなさんは、これからも自分が信じる道を邁進してください。そしてもし、この本を読んでくれていたら、ぜひ、感想を聞かせてください。

私には3人の師匠がいる。1人目はもちろん、この世界に導いてくれた篠原修先生。今でも、先生の前に出ると緊張してしまうが、三つ子の魂百まで、私の基本は景観・デザイン研究室での3年間でできていると思う。そして、3年間努めさせていただいたアプル総合計画事務所の中野恒明さん。大学教員でありながら、実践の場に多く関われているのは、中野さんに鍛えられたおかげである。3人目は、熊本大学に呼んでくれた小林一郎先生。大学について、何にも知らない私を、なんとか大学教員にしてくれた恩人である。曽木の滝分水路や白川・緑の区間のプロジェクトは、小林先生の暖かいサポートがなければ、決してあのようなものにはならなかっただろう。

ましきラボの活動を中心とした熊本大学の同僚たちや、風景デザイン研究会の仲間たちにも大きな感謝を示したい。なかでも、同い年の田中智之さんと田中尚人さんのWタナカの2人には、毎日毎日、大きな刺激をいただいている。正直、2人とも精力的すぎて、隣にいるこっちが大変である。ただ2人の活動が、お尻を叩いてくれているおかげで、ダラダラさぼりがちな私も、なんとか人並みの活動ができているのかもしれないとは思う。また、仲間の一人として、ここで特に挙げたいのは、京都大学に移った藤見俊夫さん。この年齢になると、純粋に知的興味だけで議論をする機会は少なくなっていくが、哲学好きな藤見さんと2人だけで行なった、カントやハイデガーを題材とした哲学ゼミが無かったら、第5章は書けなかった。

加えて、本書は、農文協プロダクションの田口均さんとの協働なくしてはありえなかった。ここに打ち明けると、本書のタイトルにおいて、「土木」と「デザイン」の間に「-」（ハイフン）を入れるということを提案してくれたのは、田口さんであった。混沌とした私の思考に、ハイフンという亀裂を入れ、さまざまな問いを通して、私の中に蔵《かく》れていたものを開けひろげてくれたんだ思う。

最後は、やっぱり家族。造園の職人だった父は、私にとっての原点を、一見世間知らずな主婦だが、常に正しいことは何かをわかっている母は、座標軸をつくってくれた。そして、あらゆるところで私をサポートしてくれている妻。常に感謝は表している（つもりだ）が、ここでもあらためて感謝したい。ありがとう。また涼しくなったら、トライアンフにタンデムして、美味しいランチと温泉に行こう。

2022年8月

星野裕司◎ほしのゆうじ

1971年生まれ。東京大学大学院工学系研究科修了。専門は景観デザイン。

株式会社アプル総合計画事務所を経て、
現在熊本大学くまもと水循環・減災研究教育センター准教授。

社会基盤施設のデザインを中心に様々な地域づくりの研究・実践活動を行なう。

平成15年度土木学会論文奨励賞、令和3年度土木学会論文賞受賞。

著書に『風景のとらえ方・つくり方　九州実践編』（共著、2008年）、

『まちを再生する公共デザイン―インフラ・景観・地域戦略をつなぐ思考と実践』（共著、2019年）など。

自然災害と土木－デザイン

二〇二二年十月十五日　第一刷発行

著者　星野裕司

発行　一般社団法人 農山漁村文化協会
〒一〇七－八六六八　東京都港区赤坂七－六－一
電話　〇三－三五八五－一一四二（営業）
〇三－三五八五－一一四五（編集）
ファックス　〇三－三五八五－三六六八
https://www.ruralnet.or.jp/

印刷・製本　凸版印刷（株）

ISBN978-4-540-22183-5　〈検印廃止〉

編集・制作――株式会社農文協プロダクション
ブックデザイン――堀渕伸治◎tee graphics